知识生产的原创基地
BASE FOR ORIGINAL CREATIVE CONTENT

颉腾商业
JIE TENG BUSINESS

不抱怨的规则

把消极能量
转化为解决方案

[美] 乔恩・戈登 (Jon Gordon) 著
马惠贞 译

The No Complaining Rule

Positive Ways to Deal with
Negativity at Work

中国广播影视出版社

图书在版编目（CIP）数据

不抱怨的规则：把消极能量转化为解决方案 /（美）乔恩・戈登 (Jon Gordon) 著；马惠贞译．-- 北京：中国广播影视出版社，2021.8

书名原文：The No Complaining Rule: Positive Ways to Deal with Negativity at Work

ISBN 978-7-5043-8662-5

Ⅰ．①不… Ⅱ．①乔… ②马… Ⅲ．①情绪 – 自我控制 – 通俗读物 Ⅳ．① B842.6-49

中国版本图书馆 CIP 数据核字 (2021) 第 118115 号

北京市版权局著作权合同登记号 图字：01-2021-2561 号

不抱怨的规则：把消极能量转化为解决方案

[美] 乔恩・戈登 著

马惠贞 译

策　　划 颉腾文化
责任编辑 王佳 刘雨桥
责任校对 龚晨

出版发行 中国广播影视出版社
电　　话 010-86093580 010-86093583
社　　址 北京市西城区真武庙二条 9 号
邮　　编 100045
网　　址 www.crtp.com.cn
电子信箱 crtp8@sina.com

经　　销 全国各地新华书店
印　　刷 文畅阁印刷有限公司

开　　本 889 毫米 ×1194 毫米 1/32
字　　数 39（千）字
印　　张 5.5
版　　次 2021 年 8 月第 1 版 2021 年 8 月第 1 次印刷

书　　号 ISBN 978-7-5043-8662-5
定　　价 59.00 元

致谢

Acknowledgments

如果 PPR 集团的首席执行官德怀特·库珀（Dwight Cooper）没有告诉我他在公司实施了“不抱怨规则”，以及它对公司文化的积极影响，就不会有这本书。德怀特致力于创造一个积极的公司，而本书正是基于这一理念写成的。在他的公司里，员工们能够在享受工作的同时获得成功。谢谢你，德怀特。

我还要感谢我的妻子凯瑟琳（Kathryn），是她激励我走上积极的人生道路。

感谢我的外祖父马丁（Martin）和外祖母贾尼丝（Janice），我把他们的姓传给了我的孩子。感谢你们的爱。

感谢我的父母，感谢你们给我最伟大的礼物：你们的爱。我很想你，妈妈，我知道你的精神与我同在。

感谢我的经纪人丹尼尔·德克尔（Daniel Decker），他从一开始就支持这个项目，并帮助它取得成功。

感谢我的编辑马特·霍尔特（Matt Holt），感谢金·戴曼（Kim Dayman）、杰西卡·坎皮兰戈（Jessica Campilango）以及约翰威立国际出版公司的优秀团队，感谢他们出版这本书。

感谢我团队的其他成员：吉姆·范·艾伦（Jim Van Allan）、凯茜·加伍德（Cathy Garwood）、布鲁克·拉伯特（Brooke Trabert）和埃米·沃尔特（Amy Walter），他们努力工作，从不抱怨。

感谢所有让我与贵公司、组织、团队和个人合作的客户。我每天都很感激能与这么多优秀的人合作。

我也要非常感谢西北互助人寿保险公司的管理合伙人，他们支持我们的“无怨之旅”，以帮助治疗儿童癌症。感谢蒂姆·博安农（Tim Bohannon）、泰特·克鲁斯（Tait Cruse）、马特·拉索（Matt

Russo），约翰·赖特（John Wright），鲍勃·沃尔托斯（Bob Waltos），乔伊·达文波特（Joey Davenport），哈利·霍比斯（Harry Hoopis），斯科特·西奥多(Scott Theodore),还有约翰·古德温(John Goodwin）。

我要感谢肯·布兰查德（Ken Blanchard）一如既往地支持我的工作。肯，你在我的生命中扮演了重要的角色，无论是在专业上还是在精神上。你是我见过最单纯的人，我很荣幸能认识你。

最重要的是，我要感谢“不抱怨规则”的最初创造者——上帝。谢谢你给我灵感，让我写下这本书。你应该得到这份荣誉。

引言
Introduction

一个简单的规则会产生重大影响

这个规则不是我发明的。我是在一家快速发展、非常成功的小公司发现的，这家公司遵循简单的规则，却取得了巨大的成功。

有一天，我与我的朋友和客户德怀特·库珀共进午餐，库珀是一位高高瘦瘦、彬彬有礼的前篮球运动员和教练，他花了 10 年的时间将他创建的公司发展成为全球领先的护工公司之一。德怀特的公司 PPR 多次被 *Inc.* 杂志评为“成长最快的公司”之一。在我们约见的当天，PPR 又被评为佛罗里达州最佳雇主之一，他就此给我分享了公司能够成功的一些原因。

德怀特告诉我，他曾读过一本处理职场浑蛋和能量吸血鬼（负面人物）的书。读了这本书后，他意识到，在建立一个积极、高效的工作环境方面，有一个比“害群之马”更狡猾、更危险的因素，那就是抱怨之类更加隐蔽的消极态度。他由此感到，对这类问题必须拿出解决方案。

德怀特把“害群之马”比作一种局部皮肤癌。它们不藏起来，就在你面前并提醒：“我在这里。”因此，你可以轻松快速地将它们切除。更危险的是那种狡猾的、在你身体内部的癌症。它隐藏在表面之下生长，有时缓慢，有时快速，但无论以哪种方式，如果不能发现，最终就会扩散开来，摧毁身体。抱怨和负面情绪对一个组织来说就像是这种癌症，而德怀特已经见过它毁掉了太多的公司。他坚决不能让公司沦落到这一步，于是“不抱怨规则”应运而生。

我曾经是一个极爱抱怨的人

在我分享“不抱怨规则”是如何发挥作用的故事之前，我要让你知道，我写这本书并不意味着我是个积极乐观、一直微笑、从不消极、从不抱怨的快乐的人。事实上，我曾经是一个极爱抱怨的人。我把所有的问题都归咎于别人。我不喜欢自己，不喜欢我的生活。我抱怨我的房子、我的无能、我的妻子、我的体重、我的贫穷，以及其他一切。事实上，如果你读过我的书《能量巴士》（*The Energy Bus*）——讲述一个痛苦、消极的人即将被妻子抛弃的寓言故事，你可能会猜到这个角色是以我为原型的。我的抱怨和消极情绪一度十分严重，以至于我的妻子给我下了最后通牒：改变，否则就“下车”。我极度沮丧，因为我被人厌弃，马上就要被“赶下车”了！

事实上，抱怨是我生活和成长的重要组成部分。我经常开玩笑说，我来自一个抱怨世家。我生长在一个犹太裔意大利家庭，家里有很多吃的和很多罪恶——很多酒和很多抱怨。我的祖母对家庭充满了爱，但对生活充满了恐惧。她非常害怕坐飞机，她会说：“我知道他们说你的时间到了，你的时间到了，但我不想在别人的时间到了的时候坐飞机。”每次我见到姑姑时，她都会以她的生活中的问题作为谈话的开始。直到今天，我还能收到她发来的邮件，先说“你好”，然后列举她的问题。就连给孩子们的生日贺卡也说：“生日快乐，希望我不要面对这么多问题，这样就可以和你一起享受生活了。”但我不怪我的家人。我说过，我出身于一个抱怨世家。毕竟，我们的祖先在沙漠里走了40年，并且一直在抱怨。本来只需要11天的行程，他们却花了40年。抱怨的结果就是效率低下。

《圣经》中有一段讲述以色列人被摩西从埃及解救出来的故事。他们做了400年的俘虏和奴隶后，终于获得了自由。起初他们很高兴，但不到一个半月，就开始抱怨饥饿，抱怨没有足够的水，抱怨生活在荒野中。甚至说，与其在沙漠中自由，不如回到埃及做奴隶。终于结束了400年来被奴役的悲惨命运，却在刚刚获得自由一个半月后就又开始抱怨了。上帝对这些抱怨感到非常失望，甚至威胁要夺走他们的性命。上帝就是“不抱怨规则”的拥护者。我甚至敢说，这条规则是上帝制订的。

原本我妻子也不是很喜欢抱怨。尽管抱怨在我的血液中根深蒂固，而且处境对我不利，但当它威胁到我们的婚姻时，我别无选择，必须认真审视，警醒抱怨和消极情绪对生活的伤害。我每天都苟且偷生，而不是越活越好。我同意亚伯拉罕·林肯（Abraham Lincoln）的观点——一个人的幸福感是他自己选择的。我开始研究积极心态的正面作用和消极的负面影响，并在企业和组织中探讨这个问题，并且最终转而求助于“不抱怨规则”。

我还会抱怨吗？当然会，只是少了很多。我还会沮丧吗？当然，我们都会沮丧，但关键是如何扭转它。我们每个人都会面对负面情绪、负面人物和成功路上的障碍。这也是为什么在事业和生活中，最重要的事情之一就是保持积极的状态，将负能量转化为积极的解决方案。因此，本书的目标并不是要消除所有的抱怨，只是消除无意识的、长期的抱怨。而更高的目标是将合理的抱怨变成积极的解决方案。毕竟，每一次抱怨都代表着一个将负面转为正面的机会。我们可以利用客户投诉来改善我们的服务，员工的抱怨则可以作为创新的催化剂。我们自己的抱怨还可以作为提示自己不想要什么，让我们更加专注于自己想要的。本着这种精神，我和大家分享一个关于“不抱怨规则”的故事，以及其他在工作和家庭中处理负面情绪的积极方法。

目录

Introduction

第一章

霍普

人力资源副总经理

周二早上，霍普（Hope）拖着沉重的身子慢吞吞地走进办公室，就像她去年的日常状态一样。刚才她低着头过的安检，踉踉跄跄地进了电梯，门合上之后又扇了自己几巴掌。不知为何，她早上喝的那壶咖啡没有像往常一样奏效。她今天迟到了，所幸大家都已经在工作，因此现在电梯是空的。她昨晚又遭受了一个不眠之夜，现在脑袋发胀，双眼浮肿，最糟糕的是——心情支离破碎。

她想到了从电梯到办公室可以走的各种路线。她想："实在不行，我就狂奔到办公室。"她还没准备好和任何人说话，当然她也不想让任何人看到她，除非她不用大喊大叫就能和别人正常对话。她是 EZ 科技公司人力资源部门的副经理，只要到公司，用不了多久，员工们就会扎堆到她的办公室来和她谈话、发牢骚，向她诉苦。她既是管理者，也是心理学家、和事佬，还是“垃圾桶”。这些都是工作的一部分，所以她全盘接受。

她真的很爱帮助别人，然而，最近她在倾听员工方面感到很吃力。员工说话的时候，霍普脑子里盘算的全是她自己的各种问题。她盯着员工的嘴唇动来动去，自己想的却是：如果他们知道我在面对什么，如果他们知道我的生活，如果他们知道……

第二章

产品着火

电梯门开了，眼前喧闹的景象吓了霍普一跳：人们四处乱窜，电话响个不停。市场部和公关部在大厅里忙着交接。屋子里的每个人都在大喊大叫。霍普心想：要么是我们公司遇袭了，要么是市场崩盘了。今天不行，我今天不能碰这些事。她一边告诫自己，一边低着头奔向自己的办公室。在迈出脚步之前，她一抬头就看到吉姆（Jim）正朝她跑来。

“霍普，霍普，霍普，你去哪了啊？”他边走边喊着。

“我没听到有人找我啊。”她回答道，并且希望吉姆可以后退一点儿。他嘴里的咖啡味难闻之极，霍普已经开始有点儿反胃了。

“是的，好吧，我只是很高兴你还在。”他反驳道，“或者，我只是非常震惊，在我们公司有史以来最糟糕的一天，竟然到处都找不到你。老板上国家电视台了，他得解释为什么我们的电脑电池着火了。而你却迟到了一小时，慢吞吞地走进了办公室，看起来像是被一辆大巴撞了。”

“我倒真感觉我被一辆大巴撞了。”霍普心想。

吉姆一把抓住霍普的胳膊，把她带到他的办公室，指着一把椅子让她坐下。

“我负责运营这么多年了，从来没有见过媒体像这样死盯着一家公司，它们就像一群军犬。商业电视网（Business Television Network，BTN）刚刚结束对丹（Dan）的采访，大街上的人就不客气了。刚刚上百万人在直播中看着我们的首席执行官挨骂。公司股票大跌。我们得想办法解决这件事。”

“我们的硬件以前就有问题，有过小故障。我不明白这次有什么大不了的。”霍普摇摇头说。

“远不止如此。”吉姆说，“电池问题只是冰山一角。大家都在说丹正带着公司走下坡路。而且你相信吗，采访者竟然敢问丹，从一个摇滚明星似的首席执行官到一个公司股价创下新低的过气鬼是什么感觉。BTN 说我们公司内部有博主对公司管理恶语相向，甚至发布我们与员工分享的备忘录。你敢相信吗？把私人的备忘录给全世界看？现在我们看起来更像动物园的管理员，而不是电脑制造商。我今天要清查毒瘤，查出那些人是谁，然后亲自把他们请出这栋大楼。”吉姆咬牙切齿地说。

“好的，就这么办。”霍普回答道，她试图让吉姆冷静下来，因为她知道吉姆经常会被暴脾气冲昏头脑。

第三章

团队士气低落

霍普心想，这真是绝佳的讽刺。此刻，她只想大声地对自己生活中的不公发出咆哮，但却不得不作那个让吉姆冷静下来的人。她只想回自己的办公室，关上门，把头埋进手里，然后崩溃。但是，和往常一样，她不得不帮其他人一起解决问题。

她知道吉姆生气的时候，最好的方法就是向着他，让他冷静下来，稍后再提出其他的建议。幸好，她喝的咖啡开始管用了，肾上腺素狂飙，她的脑子变得清楚了。吉姆是一个干劲儿十足、毫不妥协的管理者，他只关注目标和结果。他们理应找出这些博主到底是谁，但这件事远没有这么简单。霍普才是管理团队和数万员工之间的桥梁，她不需要任何人在国家电视台上告诉她他们团队的士气有问题。对于吉姆和丹，她和他俩谈论过几次，甚至提出需要改善企业文化，但是这件事总是被当作一个“好主意”搁置在一边，因为总是有更急迫的问题需要讨论。物流、销售、客户服务中心的问题、顾客投诉、股价、股东会议，每一件事都要比员工的问题更重要。如此一来，负面情绪持续蔓延，公司里员工的士气就更低落了。过了一阵子，她累到什么都不想说了。她自己还有一堆问题要解决，如果没有人想听她的话，她当然没法儿一个人去解决公司的问题。

当然，在参加完高层研讨会后，大家都会很兴奋，大谈积极向上的举措，希望建立一个积极的公司。他们当时甚至通过电子邮件向员工发送了一段时间的激励信息，但下一次危机来临的时候，仿佛一切努力都付之东流。这一切都是为了股价。她恨不得每次吉姆、丹或高管团队成员提到股东价值、股价和市场预期这些词时，她都能得到一美元。她有想法和解决办法，但吉姆是实施这些方法的最大障碍。吉姆建立积极文化的办法是每月请员工吃一次比萨。她试着跟丹说要把公司的文化建设放在首位，他也会听，但什么都不做。他们为什么要做出改变？股价一直很高。他们享受着前一年创下的盈利纪录，一切都很好，真的很好。直到今天还是这样。今天，他们的问题被公之于众，这看起来一点儿也不好。或许现在他们终于意识到了：虽然我们制造电脑，但我们不是靠电脑管理的。她想，必须打造一个以人为本的企业，但愿今天他们能看到这一点。

第四章

首席执行官的电话会议

解决问题

韦恩（Wayne）和肯（Ken）匆匆走进吉姆的办公室，差点儿把对方撞倒。他们两个性格截然相反。韦恩是 EZ 科技公司的副总裁。他是一个说话很直的东北人，一头深棕色的卷发向后梳起，露出他那张好看的脸。他曾经直言不讳地表示，他希望有一天能成为首席执行官。他总是很快地提出他的想法和建议，甚至更快地否决其他人愚蠢的建议。肯则是一个温和的南方人，他是 EZ 科技公司制造部的负责人。他说话缓慢而有条理，更多时候在倾听而不是表达自己的想法。

然而今天和往常不同，他们都满头大汗，十分紧张。霍普知道他们俩以前都没经历过这样的事情。他们的参与对处理这次危机至关重要，霍普很想知道他们会如何应对。她观察着他们，光是观察就能了解到很多东西。正如她所料，韦恩先开口了："我刚和丹通了电话，他大概两分钟后会打电话过来。我看除了罗伯特（Robert），大家都在。"果然是韦恩的行事作风，霍普想。他总是通过判断谁在、谁不在来控制场面，显然是一个老练的领导者。大家都知道罗伯特在海外和一个政府客户完成了一笔大单。

"咱们都坐下来吧。"吉姆示意大家坐下来。电话铃声响起，吉姆按下会议键，丹在电话那头平静地开场。他是一位高高瘦瘦、性格温和的首席执行官，多年执教大学篮球的经历塑造了他专注、沉稳的气质。他后来辞去了篮球教练的工作，和大学好友一起创办了 EZ 科技公司。但丹以前和霍普说过很多次："我并没有放弃执教，我只是选择了一个新的舞台来发挥才能。"而讽刺的是，他的领导力、执教能力和处理压力的能力在今天都受到了前所未有的考验。

丹继续说："大家都知道了，这是一个非常具有挑战性且有趣的上午。我当然从来没有在商界和同行面前被国家电视台嘲笑过。我不喜欢别人质疑我们公司的可信度和团队的水平。我们确实遭遇了打击，我决定不惜一切代价解决问题，来重新赢得客户的尊重和市场的信任。全世界都在看着我们，所有的目光都在注视着我们，而我们如何回应，将说明我们是谁，我们代表了什么。所以我现在就问你们，谁准备好和我一起接受这个挑战了？”

在场的所有人都做出了肯定的回答。

“那么，现在咱们就来逐一解决这些问题。首先是电池问题。吉姆和肯，你们怎么看这件事？”

“很明显，我们需要找到电池的问题所在。”吉姆回答。

“很好，我知道了。那还有什么？”

“召回？”肯不服气地补充道。

“毫无疑问。”丹回应道，“立即着手解决这个问题，把每块电池都换成新的。虽然我们会多花一大笔钱，但这会挽救我们的声誉和未来。”

韦恩像往常一样很快加入讨论。

“我在想，我们也应该整理出一个‘三点方案’，与媒体分享，解释我们将如何解决电池问题和今天BTN提出的其他问题。”

“韦恩，我就知道你会这一点。”丹笑道，“你说得对。我们会立即宣布召回这些电池，然后让媒体知道我们正在制订一个‘三点方案’来应对挑战，并且会在周一之前把这个方案交给媒体。董事会非常关注这件事，媒体也应该如此，所以我们会制订一个更深入、详细的计划给媒体看。接下来到了那些博主的问题和所有被泄露给媒体的公司负面消息。我们必须做点什么。有什么办法吗？”

“我打算让霍普尽快查出那些博主是谁。”吉姆提高了嗓门，愤怒地说道。

每个人都在盯着霍普，她能感觉到大家在打量自己。她的眼睛明显还是肿的，由于不是过敏季节，大家都清楚她又哭了。

“我们需要找到那些博主，和他们谈谈。”丹反驳道，“但这里有一个更大的问题，不仅仅是几个带有负面情绪的博主。在我这么多年的执教生涯中，每当我的球队出了问题，都不会责怪球员，而是反思自己。现在媒体说得对。我也觉得我们已经迷失了方向，我没有做好教练工作，忽略了我用来创建成功的篮球队和建立这家公司的原则。今天发生的一切就像一把大锤砸在我身上，但它也把我砸醒了。我知道我们的问题是什么，今天我们就要开始寻找并实施解决方案。”

第五章

真正的问题是负面情绪

“你看，团队……”丹充满激情地说，“我们的问题是消极情绪，这只能怪自己。我认为哪里有隔阂，哪里就会有负面情绪。通常在每个组织内部，领导与员工之间、不同团队和团队成员之间都会出现沟通不畅的问题。这种情况随处可见：运动团队、工作团队、家庭团队。在这些隔阂中，负面情绪开始滋生和蔓延，如果不解决，最终就会像癌症一样扩散。作为一个高管团队，我们要尽一切努力防止这些隔阂的出现，但当它们出现的时候，就必须迅速用积极的沟通和正能量来弥补。大家不只是想被动地接收消息，也希望主动地获得信息。如果他们感觉不到自己是公司的一部分，就会认为情况很糟糕，并采取相应的行动。”

“霍普多次向我提出建议，希望能改进我们的沟通方式，改善我们的文化，解决员工关心的问题。坦率地说，我没有认真听取，也没有采取行动，因此产生太多的隔阂，以致于负面情绪和士气问题不断发酵，最终酿成目前的危机。这不是少数负面博主的问题，他们只是表面症状。电池问题也是如此。我们真正的问题是负面情绪和负面文化，我们需要立即解决这个问题。”

“知道了。”吉姆说，“我马上去办！”

“不，吉姆。”丹回应道，“我想让霍普来处理这件事。你明白了吗，霍普？”

“是的，先生。”她说，吉姆瞪了她一眼，她的心沉了下去。她勇于担当，但在内心深处，她觉得自己连个人的生活都管不好，更别提帮丹处理公司的问题了。

“那太好了，霍普。我要你在周一之前拿出一份计划，主要是解决负面情绪问题和公司文化问题。我会把它作为我们提交给媒体的‘三点方案’的一部分加以强调，同时也会向董事会提交一个全面、详细的方案。马上开始吧，霍普，我明天会去你的办公室进一步讨论这个问题。”

霍普微笑着，看到在场的所有人都怀疑地摇着头。

第六章

堵车、抱怨

霍普住的地方离公司只有25英里（1英里=1.6093千米），但是每天的堵车让人觉得两地像隔了60英里。从前，她用回家路上这段额外的时间来听关于领导力和励志的光盘，但是最近她全都在回想当天听到的员工们的抱怨，再生成一张自己的抱怨清单——堵车这一项位列第一。霍普想，要是人们像正常人那样看着路开车而不是看着路边的破车，也许就不会堵车了。为什么人们变得这么傻？在拿到驾照之前，必须得有个“无知”测试。

“你干什么呢！”她朝窗外那个准备超车的司机喊道，“在你的车道里待好了。没看见这儿有人吗？”“我十分同情这个想要惹我的人。”她对着后视镜中的自己说道。“我无法相信丹想要我想出拯救公司的方案。”她自己想着，“我连自己都救不了。”

她不知道自己还能承受多少。昨天她的医生刚告诉她，他在她的年度体检中发现了一些令人担忧的事情并且想要她做更多检查。她知道她的家族有乳腺癌病史，很害怕自己是家里下一个得乳腺癌的人。当她离家越来越近，在车走走停停的当口，她想到了第二天的医生预约，并试着把它挤进日程表里。她知道丹是多么坚决地要求她在星期一之前制订出一个方案。她当然不想告诉任何人她生活里的又一个问题，她需要这份工作来养活两个孩子，也知道自己能和丹这样的老板一起工作是何其幸运。丹是霍普遇到的唯一正常的男人。她纠结要不要告诉自己的孩子们看病这件事，决定在收到结果后再告诉他们。过去的一年，孩子们经历了很多，对他们来说很显然地产生了负面影响。就在昨天晚上进门的时候，她和女儿又一次闹了起来。

“妈妈，你去哪儿了？”劳伦（Lauren）喊道。

“这样跟妈妈说话很不好。”霍普喊道，“你以为我在干什么？我像往常一样是去上班了，我要养活咱们一家。”

“你忘了本周五的返校舞会吗？”

“不，我没有，劳伦，但我只能说我现在有很多事情要做。”

“好吧，我没有礼服，你答应过我一起去买的。”

“光着去吧。”杰克（Jack）咯咯地笑着说，还对姐姐做了个鬼脸。

“安静点儿，你这小子。”劳伦冲他说，“你现在已经15岁了，别再像10岁一样了。”

“我这周有点儿抓狂，劳伦。我可能只能给你钱，让你自己去选一个。我很抱歉。”

“是啊，我也快疯了，妈妈。别人的妈妈都在帮他们准备，我都不想参加今年的返校节了。我不喜欢我的学校，我不喜欢我的朋友们，我讨厌没有礼服。”

“别这么抱怨。”霍普反驳道，“你说话的语气像我的同事。”

“牢骚鬼！牢骚鬼！你说我是牢骚鬼！？”生性倔强的17岁少女反驳道，“你就只会抱怨。你一进门就抱怨你的工作，你抱怨所有向你抱怨的人，然后你就跟奶奶和帕姆（Pam）阿姨通电话，向她们抱怨大半夜。你总在谈论爸爸离开后生活有多糟糕。他不只是离开了你，妈妈。他也离开了我们，而我们还在这里。所以每次你说你有多恨你的生活，就是在说你恨你和我们的生活。如果我是一个牢骚鬼，那是因为我有一个‘好老师’。”

霍普来不及反应。“劳伦绝对是亲生的。”她默念。这是女儿对自己母亲所作所为的报应。霍普拿了一瓶酒，把自己锁在房间里。她想到了前夫，他告诉她，他想要一个新的生活和新的妻子。她想到了他留给自己的堆积如山的信用卡借款单。她想到了堆在自己桌上的账单。她昨晚哭着入睡，今天上班却要面对各种负面情绪和电池着火引发的暴风雨。

她开车下班回家的时候，回想着昨晚的事情，想知道还能有什么更倒霉的事儿。“你还想对我怎样？”她抬起头，握着拳头问道。车流稍稍通畅了些，霍普的糟心事儿全涌上心头。她离婚了，现在只想保住工作。她和女儿的关系正在破裂。谁也不知道明天的体检结果会是什么样。更别说丹对她的期望了。

她不想今晚到家又和女儿吵架，明天也不想去上班。她想逃避，甚至想逃跑。她问自己，既然我的前夫能逃跑，为什么我不能？她想告诉丹，她的项目太多，无法为他的“三点方案”做贡献，她会建议吉姆来跟进这件事。

她告诉自己，明天一早就去找丹谈。

霍普终于到了家，走进家门，惊讶地发现家里静悄悄、空荡荡的，还有一张纸条，是劳伦留给她的，告诉霍普她在男友家，杰克在朋友家吃晚饭，他们会晚点儿回家。感谢上帝，她想。她已经没有什么力气了。她给自己倒了一杯酒，在电脑上查了些资料，最后瘫在了沙发上。

第七章

谈话

我们需要你

霍普很庆幸今天只迟到了10分钟。她知道吉姆会把她昨天的状况告诉丹，她也知道丹会来她的办公室找她，所以她想尽早做好准备。但当她赶到时，丹已经坐在她的办公室里等她了。

“霍普，霍普，霍普。”

“为什么每个人都要叫我三次？”霍普想。

“真没想到。”他说，“我还以为45分钟后才能见到你呢。”

“别取笑我了，丹。”

“我不是在开玩笑。”他盯着她说。“我非常认真。你知道现在是我和我们公司非常关键的时刻。我必须让这辆巴士朝着正确的方向前进，我需要知道你是否在车上。”

“我当然在了。我只是不知道我能否想出解决问题的办法。我的精神状态和生活状态都不是很好……”

“你听着，我知道自从你前夫走后，你经历了很多。我也知道你独自抚养两个正在上学的孩子不容易。你要相信我一直在你身边，但现在我觉得自己一味同情对咱们没好处。如果我不给你挑战，你就不会成长，而且如果你不成长，就不能帮助我们成长。”

“但是，吉姆呢？他现在不是更适合做这个吗？他很想做点儿什么。我只是不知道我是不是最合适的人选……”

“吉姆有他的优势，你有你的。人们只有奋力追逐更高的目标时，才最有动力。现在，没有比拯救我们公司更重要的目标了。我知道你的实力，这个任务不适合吉姆，这份工作适合你。”

“可我需要更多的时间来调整自己的生活。”她低着头说。

“不，霍普。你需要的不是时间。别再想了，现在是时候了。我相信发生这一切都是有原因的。这次电池危机会让我们公司变得更强大，而你接受这个挑战也适逢其时。你想想，自从你前夫离开后，你就像受伤的小动物，只关心自己、自己的生活和问题。你从一个想帮助公司所有人、改变世界的人，变成了一个只想躲起来、沉浸在自怜中的人。你本不该是这样的。我观察你有一段时间了，想给你一些空间，让你厘清一切。但现在我不能再这样做了，这对你我都没有好处，是时候让你放下包袱了。过去的就让它过去，不要再对现状感到失望了，你应该对自己的未来感到乐观。专注于未来，超越自己。与其关注自己的问题，不如专注于帮助别人解决他们的问题。这是你最擅长的事情，也是你的本色。希望你能利用优势来实现更大的目标，帮助我拯救这家公司。”

“你是一个很难让别人对你说‘不’的人。”霍普说道，她知道他说的一切都是事实。

丹笑了笑：“霍普，记住，人总是患得患失的。而现在你需要这个，我们也需要你。你说呢？”

第八章

负面情绪的代价

“好吧，我会尽力的。”她说，她知道自己真的没有选择。当丹坚持要做某件事情时，这件事就总会以这样或那样的方式实现。不管有没有她，丹都会去做。如果没有她，那就意味着她将丢掉工作。她现在承受不了失业。而且，她也不想让丹失望。几年前，他用不懈的热情把她招进公司，给了她一个千载难逢的机会。然后，他与她并肩战斗，同甘共苦。和丹一起工作是她职业生涯中最美好的经历，她完全不想结束。她欠他的。然而她也充满了恐惧。她在前一天晚上做了一些研究，发现他们面临的问题很严重。

“但你要知道这不是件易事。”她拿着一张纸说道。

“但这就更值得干了。”丹回答道。

“我昨晚做了一些研究，这里有一些关于负面情绪影响的真实数据。这不仅仅是我们的问题，我更愿意把它称为组织中最大的问题，它不仅影响到我们的组织，也影响到我们每个人。”她递给他一张纸，内容如下。

负面情绪的代价

- 根据盖洛普的数据，负面情绪使美国经济每年损失 2500 亿 ~ 3000 亿美元的生产力。而这个数字还是保守的，因为它没有考虑到抱怨和消极情绪的连锁反应。
- 根据美国疾病控制和预防中心的数据，90% 的人去看医生都与压力有关。而 Truejobs.com 的数据显示，造成办公室压力的第一大原因是同事和他们的抱怨。
- 一项研究表明消极的员工会吓走与他们交谈的每个客户——永远地。（《你的水桶有多满？》汤姆·拉思）

- 芭芭拉·弗雷德里克森（Barbara Fredrickson）在密歇根大学的研究显示，与工作中的积极互动相比，过多的消极互动会降低团队的生产力。
- 负面情绪会影响团队的士气、业绩和生产力。
- 一个消极的员工会为其他人创造一个令人痛苦的办公环境。
- 负面情绪与以下几点相关：
    - 寿命减少
    - 心脏病发作的风险增加
    - 中风的风险增加
    - 压力增加
    - 精力减少
    - 痛苦更多
    - 朋友减少
    - 不易成功

丹看了看那张纸，点了点头。“这是一个很好的开始。你看，我就知道你是这个任务的不二人选。”

霍普笑了。

“既然我们知道了对手是什么，就一定能制订出一个方案来赢得这次战斗的胜利。”他继续说道，“如果说我执教这么多年学到了些什么，那就是必须了解自己的对手。一旦你了解了他们，就可以找到他们的弱点。负面情绪也是有弱点的。只要我们找到利用和征服它的办法，就能顺利实现由失败向成功的转折。”

会谈结束，丹出门的时候转身说道：“顺便说一句，霍普，我想让你知道我相信你。我知道你一定可以的。”

霍普哭了,因为她很庆幸这个世界上还有好男人。“现在要是我能相信自己就好了。”她想。霍普试图厘清自己的思路，思索着下一步该怎么做。“我不知道，”她想，“完全不知道。”

第九章

情况可能更糟

霍普走出办公楼，想要呼吸一下新鲜空气，好让自己的脑袋清醒一点儿。丹当然激励了她，但她知道，如果她不能制订一个让执行团队可以操作的计划，再怎么受到鼓励都无济于事。她坐在公司办公楼前的公园长椅上，看着人们上车下车。她注意到一辆 11 路公交车，很好奇为什么人们下车的时候如此高兴。他们不知道自己要去工作吗？“我希望现在有人能把我推到一辆飞驰的公共汽车前。”她想，“这样一切都会变得更容易。”霍普陷入了深深的负面情绪中，甚至没有注意到站在她面前已有几秒钟的保安。他拍了拍她的肩膀。

“小姐？小姐？霍普？”

霍普吓了一跳，回应道："请问有什么事吗？你怎么知道我的名字？"

"我认识这栋楼里的每个人，小姐。而且，我也知道你知道我是谁。因为大概直到一年前，你每天都会从我身边走过，然后在你进电梯之前会给我一个大大的微笑。我必须告诉你，那是我每天的高光时刻。你的笑容就像黑暗沉闷的日子里透出的一缕阳光。而你现在从我身边走过，就像其他人一样无视我，就像我根本不在这里，我还不如一尊雕像。我必须对你说实话，小姐，你的笑容是我一天中最美好的部分，我很怀念它。我想我应该来这里，试着让你开心起来，这样我就能再次看到你的笑容。我知道你可能和大家一样，生活中也有一些困难，但如果你不介意的话，我想给你讲一个故事。"

"当然可以。"霍普说，她不知道该说什么。

"你知道史努比吗？就是《查理·布朗和史努比》里的史努比。嗯，那天是感恩节，查理·布朗正和他的家人享受着盛宴。可怜的史努比没有被邀请，独自在他的狗窝里。他身边只有狗粮和一根狗骨头，闷闷不乐。但后来他的一个想法改变了一切。他想：‘事情本来可能更糟。如果生来就是只火鸡又该如何？’你看，小姐，我不知道你在经历什么，但我希望你能记住，生活本来可能会更糟。感谢你听我说这些，我希望能看见你更多的笑容。”

这位保安给了她一个灿烂的微笑然后回到楼里去了。霍普揉了揉自己的脸，顺了顺自己的头发。

她想起了之前丹说的，一个保安为什么会对自己这么上心？她都不知道，一个简单的微笑对别人有这么大的影响。还有什么是自己不知道的？她在工作中因为被悲惨生活所吞噬，还影响了多少人？也许丹是对的。也许这的确是她重新开始有所作为的良机。也许通过专注于拯救公司，她也能拯救自己……并在这个过程中造福他人。她知道，必须要马上开始工作，才能早早地去医院做检查。

第十章

“癌症”的焦虑

霍普紧着赶去医院。她很害怕，她害怕的时候语速会变快，车速也会变快。她试图通过思考如何处理那些负面博主来减轻对马上体检的焦虑，她仔细琢磨分享给丹的负面情绪研究资料，突然意识到团体和组织中都存在致命问题。她的确同意吉姆的观点，这些博主是害群之马，而且她知道，他们存在于每个组织中。她把他们看作一种典型的“皮肤癌”，从不藏着掖着，就在你眼前。因此，你可以轻松快速地除掉它们。更危险的是那种潜伏在你身体内部的癌症。它隐藏在皮肤之下生长，时而缓慢，时而快速，但无论是哪种方式，如果没被发现，最终都会蔓延到可以将身体摧毁的地步。这正是她所担心的 EZ 科技公司存在的负面情绪，如果不想办法解决，真的会毁掉公司。在士气和股价都处于历史最低点的情况下，他们需要一个答案，而且要快。

不抱怨的规则

霍普在医院挂号处的签到簿上写下自己的名字时，手抖了一下。她找了个位置坐下来，仿佛陷入了永无止境的等待。她讨厌医院，更讨厌在医院里等着。她对在医院工作的人没有任何意见，只是觉得自己对针头、血、疼痛和穿白大褂的人过敏。对霍普来说，医院里从来没有什么好事。她看了看四周，不敢相信自己在医院里。“我不想在这儿。”她想，“为什么是我？为什么是现在？”

终于，一个粗壮敦实的女人站在门口叫起了她的名字。霍普向她走去，自言自语道：“是时候了。”“抱歉，让您久等了。”女人说，“我们今天实在是太忙了。不过我会保证让你尽快离开这里的。”

“太好了。”霍普答道，“我得回去工作了，我在这里的时间已经超出了预期。”

“我说过，我会尽力的。”女人带着霍普进了一个房间，看着她的病历，回应道，“你是霍普吧？”

“是的。”霍普恼羞成怒地说。她想：“不然我还能是谁呢？”

“只是确认一下我拿的是正确的表。有时他们会把表弄乱了，但你却不知道。我很喜欢你的名字，我的名字是乔伊丝（Joyce），但我一直想要一个你这样寓意着希望的名字。我姐姐叫乔伊（Joy），我一直希望他们给我取名叫费丝、霍普和格蕾丝这类寓意着信仰、希望和恩典的名字。但是我爸爸非常喜欢乔伊这个名字，所以当我出生的时候，他们就叫我乔伊丝。这是不是很有意思？乔伊和乔伊丝。”

霍普打断道:“那我们什么时候可以做这些检查？我不想待在这里……”

乔伊丝笑了。她知道自己手上又多了一个焦躁的病人。“没有人想来这儿。”她说，“但你现在既然已经在这儿了，就让我们做必须做的事儿吧。首先我要抽一些血，然后送到实验室，接着我们会让你去做超声波检查，就这么简单。”

“好的。”霍普说，她的手还在颤抖，“我告诉过你我害怕针头吗？”

“你没跟我说过这件事，但这并不奇怪。可以和我说说你还有什么不喜欢的吗？”

“你是认真的吗？”霍普问。

“当然。”乔伊丝说。“我就是喜欢听人抱怨。这是我工作中最棒的部分。”她略带嘲讽地大笑着说。

但霍普把乔伊丝的说法当成了一个机会，把她讨厌的一切都倾诉了出来。“我讨厌待在这儿。我讨厌自己可能得病了。我讨厌我丈夫离开我。我讨厌我那17 岁的女儿把自己搞得像 30 岁的样子。我讨厌我的信用卡账单比账户里的钱还多。我讨厌堵车。我讨厌医院。我应该继续吗？”

“不，已经够了。”乔伊丝说，“既然我们玩了‘是不是很可怕？’的游戏，那么我想请让你看看那边的告示牌。”

霍普看了看，上面写着：“不准抱怨。”她摇了摇头，觉得很不好意思。

“好了，霍普，你说了你的，现在我要说我的。我这里有一条‘不抱怨规则’，从现在开始，我就要运用它了。”

“但我在医院里。我完全有权利抱怨。”霍普提高了声音。

“这个女人以为自己是谁？”霍普想着，她的怒气越来越重，“她根本不知道我在经历什么，一会儿的检查将决定我的命运，她根本不知道这是什么感觉。”但乔伊丝确实知道。她接诊过好几千个患者，并尽最大努力去照顾所有人。她不是为了自己，而是为了病人才制定了“不抱怨规则”。她知道，人们抱怨的原因主要有两个：①因为他们感到恐惧和无助；②因为这已经成为一种习惯。对于霍普来说，这两个原因都有。乔伊丝知道，病人来到医院常会感到无助和失控，她觉得“不抱怨规则”是一种转移注意力的好办法，而且能够赋予他们完全不同的理念。她想帮助他们走上积极的道路，此刻她希望霍普愿意和她一起走这条路。

第十一章

发泄？心理学家说错了

“你有权利抱怨。”乔伊丝说，“我不能阻止你。这是一个自由的国家，但就像我开公交车的姐姐乔伊说的那样，在生活中，你有两条路可选择：积极的道路和消极的道路。积极的道路会让你变得更健康、更幸福和更成功；消极的道路会让你更痛苦、更愤怒和更失败。因为你不能同时走在两条路上，所以你必须决定走哪条路。而当你抱怨的时候，你就会沿着消极的道路前行。那你想走哪条路呢，霍普？”

“我觉得很清楚。”霍普冷静了一下说。“但当你有我这样的感觉时，就好像正路被封闭了，上面有一个大牌子，写着‘请勿入内’，如果你明白我的意思的话。再说，你为什么不发泄出来呢？”霍普又问道。“有时候你需要发泄一下。有时候，人只是需要抱怨。心理学家经常这么说。发泄是健康的，如果不将不良情绪发泄出来，就会对身体有害。你不觉得这很讽刺吗？因为你在医院工作。”

“心理学家说错了！”乔伊丝举起手，大声喊道。

“他们说对了一件事。我们生来就会抱怨。我们还是婴儿的时候，为了得到我们想要的东西，哭得撕心裂肺。我们饿的时候，会哭着让妈妈喂我们。我们累了的时候，会哭，这样就会被哄着入睡。我们一直用哭来实现自己的愿望，而且效果很好。然而，有太多的人仍在使用一种成人的哭泣形式——所谓的抱怨，来获得他们想要的东西或表达他们的无助感。但是，就像我们学会了不再吮吸大拇指、晚上睡觉不开灯一样，我们也必须戒掉抱怨的习惯。当然还有更好、更有效的方法来处理我们的负面情绪。我们都需要偶尔抱怨一下，每个人都需要。但是，霍普，我已经盯上你了，你不是一个偶尔抱怨的人。听起来你尝试过很多次不去抱怨，还有数以百万计的人像你一样。我称他们为 CCs——长期抱怨者（Chronic

Complainers），他们不仅伤害了自己，还惹恼了其他人。就像著名橄榄球教练卢·霍尔茨（Lou Holtz）说的那样：‘不要抱怨。你的抱怨，有 80% 的人不在乎，另外 20% 的人会觉得你有问题。’”

霍普很快从生气变得难过，她知道乔伊丝是对的，她也知道女儿是对的。她是一个长期抱怨的人。墙上的字已经写好了。难怪最近那么多人躲着她，他们不想听她的抱怨。

乔伊丝继续说道：“不管心理学家怎么说，抱怨并不能让我们感觉更舒服。也许是暂时感觉更舒服，但从长远来看，抱怨会形成一个恶性循环。你好好想想。多年来，心理学家让病人打拳袋解气，可最近才发现，这种做法会造成更多的暴力。抱怨也是一样的道理。当我们抱怨的时候，我们就会滋生负面情绪。你知道我在说什么吗，霍普？有些人如果不抱怨的话，就没有什么好说的了。”

“是啊，跟我一样。”霍普一脸绝望地回答，“你知道吗，以前不是这样的。我曾经是一个永远的乐观主义者。以前，我的朋友遇到问题全都打电话给我，我是能让他们开心的人。后来，丈夫离开了我，他让我心碎。就像你说的那样，随着时间的推移，我变得更加消极。我一天比一天痛苦，一天比一天愤怒。看看现在的我，事实上，我觉得自己每天都在死去，而不是活着。我曾经相信奇迹和征兆，它们指引我走向正确的方向。现在，我唯一希望的奇迹是早上能从床上起来。”

乔伊丝说：“没关系，姑娘。你随时可以退出。就像我姐姐说的那样，你随时可以从抱怨列车上下来，换乘能量巴士。你现在就可以离开消极的道路，换到积极的道路上。积极的道路永远不会封闭。如果离开了它，你可以随时回来。你说呢？我们去给你做个 B 超，趁着这个时候，我们一起走上积极的路。”

“当然可以。”霍普对自己的反应感到惊讶。她即将得知自己的命运，而且面临的可能是真正的坏消息。然而，乔伊丝让她感觉比以前好多了。她只希望检查结果不会给她带来别的抱怨。

第十二章

设立不抱怨日

当她们坐在那里等待B超员时，十分安静。

“放弃真的很容易，你知道的。”乔伊丝建议道。

“放弃什么？”

“抱怨，傻瓜。每个人都能做到。”

“连我也能做到？”

“我见过比你更糟糕的，但他一下子就不抱怨了，完全斩断。这是一个简单得只有两步的过程。你想让我告诉你是什么吗？”

“当然可以。”霍普知道自己没有什么损失，况且她也不想再多想一秒B超的事情。

“第一步，你先设立一个不抱怨日。我把它叫作‘不抱怨日’，让你快速停止抱怨。这是很棒的，因为这样就能观察你的想法，并意识到自己有多么消极。当我这样做的时候，哇，我对我嘴里说出来的东西和脑子里冒出来的想法感到震惊。”

“听起来我需要的不仅仅是一天的不抱怨。”霍普说，“‘不抱怨年’怎么样？对孩子和员工也有用吗？那真是天赐良机。”

“这对每个人都有用。”乔伊丝说，“你最终会坚持到一年。但要从一天开始，然后一个星期，然后是一个月，然后是一年。就像改掉任何坏习惯一样，以天为单位，改变从你开始。我知道，因为即使在我告诉你这些的时候，我还是会抱怨，只是少了很多。接下来进行第二步，当你抱怨的时候，因为你肯定会——每个人都会，利用抱怨带来好处。你看，每个抱怨都有一个反面。如果有你不喜欢的东西，那么就有你喜欢的东西。如果有你不开心的事情，那么就会有让你开心的事情。如果我们正确使用它，抱怨其实也可以是一种天赋。如果我们注意自己的想法、语言和抱怨，就会了解到很多我们不想要和不喜欢的东西。然后，可以把不想要和不喜欢的东西作为催化剂，帮助确定我们想要和喜欢的东西。

事实上，我们永远不会把抱怨从生活中完全消除。关键是要反过来让抱怨为我们服务。与其让它产生负能量，不如利用它达到积极的目的。可以利用抱怨作为一个‘标志’或者‘信号’，让我们知道自己正在产生负面情绪，下一刻可以绕路回到积极的情绪上。每当发现自己在抱怨时，我们可以说：‘好吧，我不喜欢这样，或者我对此感到不高兴。那么，我想要什么呢？什么会让我快乐？什么思想会给我带来平静而不是沮丧？我可以采取什么行动来纠正这个问题？’让你的抱怨告诉你什么是你不想要的，这样你就可以专注于你想要的东西。每一个抱怨都代表着一个将负面东西变成正面东西的机会。我们可以利用抱怨作为催化剂，在自己的生活、工作中甚至世界上做出积极的改变。所以我说，‘让你对问题的抱怨推动你去解决问题’。”

“我同意。”霍普说，“我明白你在说什么。当这里只有我们两个人说话的时候，听起来确实很简单，但我有一种感觉，当你在处理日常生活的事情时，打破这个习惯并不那么容易。尤其是在工作中，当你压力最大的时候。”

“这比你想象的要容易。”乔伊丝说，“但你得有工具。不是像锤子什么的，虽然有些抱怨者可以用锤子敲打头部来改变他们的思维，但我说的是帮助我们创造积极习惯的技术。这就是工具的作用。”

乔伊丝给了霍普一张小卡片，上面介绍了三个不抱怨的工具，她说：“给你，亲爱的。只要使用这张卡片，用好这些工具，你就会越来越积极。我呢，得去看其他病人了。但首先我会找到给你做 B 超的人，我让她赶紧过来。”她大笑着说：“对了，在我离开之前，我想把这个送给你。”她说着将手伸到口袋里掏出一个橡胶手环。“我从我的教会得到了它，它的一面写着‘保持积极’，另一面写着‘不抱怨规则’。你戴上它，它可以很好地提醒你不要成为一个长期的抱怨者。清醒一点儿，面对现实吧。在这个世界上，我们需要所有积极的东西来提醒自己。”

乔伊丝离开房间后，霍普戴上了手环。她本想抱怨做 B 超的人还没来，却发现自己在看卡片上的三个“不抱怨工具”。这是一件好事，她需要一切正面鼓励。

第十三章

三个不抱怨的工具

卡片上这样写着：

1. **但是 → 积极的方法。**这个简单的策略可以帮助你把抱怨变成积极的想法、解决方案和行动。当你意识到自己在抱怨时，你只需加上“但是”一词，然后再加上一个积极的想法或积极的行动。比如：

   ○我不喜欢开一个小时的车去上班，但我很庆幸自己会开车，而且有一份工作。

   ○我不喜欢自己身材走样，但身材很棒会让我很开心，所以我要注重运动和正确的饮食。

2. **注重“开始”而不是“必须”。**我们常常抱怨，而且把注意力全都放在我们必须做的事情上。我们通常会说“我必须去上班”“我必须开车来这里”“我必须做这个或那个”。然而当你转变你的视角，你就能意识到这不是关于必须做任何事情，而是你能够做事情。你可以过这种生活。当很多人失业的时候，你可以去工作。堵车的时候你还能开车，而很多人却连车都没有或病得不能出行。专注于你能做什么，专注于感到祝福而不是压力，专注于感激。

3. **变抱怨为解决方法。**我们的目标不是要消除所有的抱怨。目的是消除没有更大目的的盲目抱怨，而允许有理由和有价值的抱怨。与无心的抱怨相反的是合理的抱怨。前者是消极的，后者是积极的，目的是不一样的。无心的抱怨是指，你只是在没有意义地盯着问题而已；正确的抱怨是指，你发现了问题，抱怨让你找到了解决方法。每一次抱怨都是一次化消极为积极的机会。

第十四章

没有消息就是好消息

第二天，当霍普开车上班的时候，她其实很想尖叫。但当她看着手腕上的手环时，她想起了乔伊丝的“不抱怨工具”，并试图转变自己的想法。她忘不了昨天乔伊丝离开后，她又等了 30 分钟，做 B 超的人才来。更糟糕的是，没有人告诉她 B 超结果如何。有人跟她说，医生第二天才会来，周五或周一会有人给她打电话，告诉她 B 超和抽血的结果。他们说，血检的时间更长，医生希望在给她打电话之前有两个报告。“他们对此表现得很随意。”她想，“我在医院里等了好几个小时，错过了工作，他们甚至不给我一个答复。当然，这对他们来说不是什么大事，他们没有命悬一线。他们每天要见上百个和我一样的人，而我对他们来说只是一个数字而已。”

霍普发现自己很快陷入消极的情绪中。她想到了“不抱怨工具”，于是加入“但是”这个词，试图想出一些积极的东西。“但我遇到了乔伊丝，她没有把我当作一个数字，她很好。就像他们说的，没有消息就是好消息。”霍普想到了“不抱怨规则”。昨天离开医院时，她直接回家了。到家后，女儿又开始了她一贯的唠叨，但霍普制止了她，并引用了“不抱怨规则”。他们一家人一起讨论了这件事，霍普、劳伦和杰克都决定尝试一次一整天不抱怨来看看会怎样，霍普不知道他们今天情况如何。但是，她知道昨晚她的女儿成功了。霍普想，如果“不抱怨规则”能适用于EZ科技公司的员工，那一切就搞定了。她酝酿了很多好点子，但不太确定如何将它们整合在一起。她会制订一个方案。今天，一切都会水到渠成。至少她是这么希望的。

第十五章

兴衰之本

伟大公司的积极文化

霍普到的时候，丹又坐在她的办公室里。还好，霍普早到了五分钟，让办公室里的所有人都震惊了。她看得出来，丹正处于商务模式，并不是来闲聊的。她跟他共事久了，能看出来他那张“我要答案”的脸。

“听着，霍普，你知道我不喜欢管得太多，尤其是你，但吉姆真的担心你无法提供我们需要的方案，我只是想看看你的状态。他说他昨天找了你一下午，但你不在。”

“我去看医生了。”霍普回应道，“也许下次我会带着吉姆一起去，让他牵着我的手。”

“没关系，霍普。我只是想知道你进展如何。”

“我正在想办法，我有很多很好的点子，而且……”

丹打断道：“这很好，但我们不只是需要想法，我们需要一个方案。我需要在周一早上向媒体发表一份关于我们计划的简短声明。周一下午 2 点我要向董事会汇报。我得确保你能给我一个方案。每个人都怀疑你是否能做好这件事，我告诉他们，我对你有信心，以我们现在的情况，我就指着你了。”

“你可以指望我。”霍普说。并向丹和自己保证：“今天一天、明天和周末我都想办法做出方案，星期一早上一来就把它给你。”

“好，很好，非常好。但我希望你今天能完成一大部分，因为明天你要向董事会汇报你的最新想法，并且要给出大概的草案。我们还要检查电池的召回和维修情况。我告诉大家你会准备好的，所以你要准备好。”

“我会准备好的。”霍普希望自己说的是实话。

“很好。”丹说。他递给她一本名为《兴衰之本》（*Fundamentals of Prosperity*）的书，作者是罗杰·巴布森（Roger Babson）。“在你制订方案的时候，我希望你考虑一下这个问题。我昨晚在寻找灵感，在书架上发现了它。几年前我读过这本书，现在又开始读一遍，其中有一部分可以启发我们。它挺有意思，因为它写于20世纪20年代。作者在书中采访阿根廷总统，问他为什么南美洲虽然有那么多的自然奇观和资源，但在繁荣和进步方面仍然远远落后于北美洲。总统想了一下，说：‘我得出了这个结论。南美洲是西班牙人为了寻找黄金而发现的，但北美洲是朝圣者为了寻找上帝而定居的。’这让我想到了我们寻找的是什么，我们作为一个公司的动机是什么。我们太注重股价、利润、黄金，而忽略了企业的精神和文化。如你所知，伟大的公司和团队都有巨大的能量和精神，这些能量和精神是由积极的文化和目标所激励的，而我们似乎已经远离了这一点。我希望你的方案能解决这个问题，帮助我们回到正轨。”听见丹这么说，霍普很高兴。她一直都在跟他说这些。但她很清楚，不管别人告诉你多少次，往往你都需要在自己的时间里找到答案。而现在显然是丹找到答案了。

“我的方案将清楚地解决这个问题。”霍普说，“它就像树的根和果实。所以我们经常关注果实（结果、利润、股价等），这一切都很好，因为我们需要衡量它们并对它们负责。但如果我们过于关注果实，而忽略了根（我们的人、文化、团队合作和精神），那么最终根会枯竭，果实也会枯竭。这就是我们的遭遇。我们忽视了根，它就在全国电视上当着数百万人的面腐烂了。”

“你有这个权利。”丹说，当回忆起他职业生涯中最糟糕的一天时，他皱起了眉头。但当他拿起放在霍普桌上的一个苹果时，这种畏缩很快就变成了微笑。他能感觉到能量的变化。事情有了转机，他对霍普和让她负责这一方案的决定越来越有信心。吉姆当然使他产生了疑虑，但在他的直觉里，丹觉得霍普会做到的。他只是希望董事会也有同样的感觉，他期待着霍普证明他们是错的。作为一名篮球教练，他喜欢走在场边，挑选一名替补球员，让他进入比赛，让队友们大吃一惊。当他跑到球场上时，球员脸上的表情是完全震惊的，就像小鹿看到车前灯一样。但可以肯定的是，那名球员经常会有十分精彩的表现，让大家震惊，帮助球队获胜。这样做了几次之后，每一个球员都会做好心理和身体上的准备，因为他们永远不知道教练会不会派他们上场比赛。而且还给大家上了宝贵的一课：永远不要怀疑你的队友，因为当他们面临压力时，他们会有惊人的表现。现在轮到霍普了。她是最不可能被挑选的人，现在是她大放异彩的时候了。

第十六章

与博主交流，确定方案

霍普和丹讨论了这些博主，然后制订了行动方案，结束了谈话。现在，他们知道这些博主是谁，霍普会去见他们，处理这个问题。其中一名博主在与霍普对话时，明显很后悔，说他只是在抱怨管理层无视他和他团队的努力。他很生气，这样做只是想表达他的感受，因为他认为只有这样才能让别人听到他的声音。但他肯定没有想到自己的博客会受到全国的关注，他也无意伤害 EZ 科技公司。他想留在公司，所以霍普向他解释公司正在解决他的疑虑后，他同意关闭自己的博客。

霍普和另一个博主的会面不太顺利。他说得很清楚，EZ 科技公司受到的负面宣传是罪有应得，他和他认识的所有同事都不信任管理层。即使霍普向他解释他们正在制订方案解决问题，他也因为过于愤怒表示无法与霍普合作。他说他会继续写博客，如果公司不喜欢，那就太糟了。霍普知道他是对的，很多员工已经对管理层失去了信心。这是公司领导的错，但她也知道公司得解雇他。他太专注于过去，不愿向前看。

霍普从不愿让任何人离开，但她知道，为了创造积极的公司文化，就像俗话说的那样，你必须让一些吸血鬼下车。每年 EZ 科技公司都得这么做。她记得曾读过的一份报告，说一家医院每年都会解雇几名消极的医生，这样会提高医院的士气和利润。事实证明，消极的医生会吓跑许多病人。经过昨天在医院的事，她对此并不惊讶。她还知道，销售主管罗伯特每年都要解雇一些消极的销售和客服人员。罗伯特总是说，一个人无法建立一个团队，但是一个人足以毁了一个团队，更糟糕的是，消极的人会吓跑你所有的客户。现如今，想要成功已经够难的了，没有人想被消极影响阻碍。

霍普心想，下解聘书是必要的，但得有更好的办法来处理消极的现象。毕竟，不管我们解雇了多少消极的员工，总会有新的员工取代他们的位置，所以她对自己说："我们总是要和消极的员工打交道，所以我得想出一个更好的办法，在消极情绪攻击我们之前，先打倒它。"她知道这个方案将是她计划的关键，但她不知道的是，这个方案会出自一个意想不到的人之手。

第十七章

园丁

维持一个健康的环境，把杂草挤走

经过富有成效的一天，霍普下班回家，感觉她的方案快要想出来了。虽然不完整，但她和孩子们吃完晚饭后会想办法解决。进屋前，她停下来和园丁聊了聊，园丁正在给她的草坪使用神奇的有机混合物。霍普几乎付不起请园丁的费用，但她已经厌倦了老喊杰克给草坪施肥和修剪。此外，因为院子不整洁而被街区罚款，要比花钱雇人来打理贵得多。院子里到处都是杂草，所以必须得做点什么。在劳伦的要求下，她决定采用一种不使用化学药品或杀虫剂的庭院服务。霍普从她女儿身上得到了乐趣。大多数父母都担心他们的孩子会惹麻烦，但她的女儿谈论的都是绿色倡议和全球变暖，而且会测量他们家的碳足迹。劳伦坚持不用有毒化学品。

她拍了拍那个蹲在院子里看着草地的家伙的后背。他拔了几根草给霍普，说："就像我说的，它起作用了。"

"是的，关于那个……"霍普说，"我想知道，不用化学药品，怎样才能消除杂草，防止它们占领我的草坪，因为我的邻居都在用化学药品来处理草坪。"

"嗯，你看，我有一个不同的方法。我用有机混合物处理草坪，创造一个健康稳固的环境，供好的草生长，然后它生长蔓延，把杂草挤走，这样杂草就没有地方长了。这一切都与环境有关。这需要花更多的时间和精力，但一旦你的草长得又好又壮，它就会像葛藤一样蔓延开来，然后你就会有一个生机勃勃的美丽草坪。这让一切都变得更简单，而且也更便宜。与其把所有的钱都花在化学品上，不如继续维持一个健康的环境。"

霍普抑制不住内心的激动。她拥抱了园丁，夸他是一个天才。以前从来没有人叫他天才。"真奇怪。"

他心想，也许是因为在别人的草坪上放了大蒜，可他绝对不是天才。但他很喜欢听到别人这样叫他。而且，对霍普来说，他就是一个天才，因为他提供了她演讲的第一部分所缺少的关键信息。

第十八章

最有活力的星期五

今天是星期五，霍普应该累了。但她没有。她觉得今天是她这一整年最有活力的一天。神奇的是，她的演讲内容在凌晨1点就完工了，这让她更有活力，她兴奋地告诉管理团队这个消息。她也很激动，因为她又和劳伦、杰克度过了一个美好的夜晚。她坐在办公室里想着他们，笑了笑，因为劳伦做了一张“不抱怨”的海报，并把它贴在了卧室的门上。霍普想：“我在工作时也应该这样做。”想到这儿，她笑得更开心了。

“不抱怨日”计划的第二天也进行得很顺利，晚饭时，他们同意试行一个星期。“是的，整整一个星期。”杰克一边在空中挥舞着拳头一边大喊道。霍普问孩子们喜欢“不抱怨日”的哪一点，劳伦说她很高兴看到妈妈再次微笑着谈论积极的事情，杰克说他很高兴不用再听妈妈和姐姐吵架了。然而霍普知道他们喜欢“不抱怨规则”还有一个更重要的原因，一切又开始恢复正常了，他们都能感觉到。他们只想过回原来的生活。霍普想着：“即使我不能让一切恢复原样，至少我可以把自己最好的一面展现出来。”她走到书架前，拿出一本几年前给了她灵感的书。她喜欢从书架上拿一本书，随意打开一页读。她觉得她应该读的内容就在眼前，这次也不例外。这本书上写着：

保持积极的心态

当生活中的一切都很美好的时候，保持乐观很容易。最困难的是，当你被人击倒或被人敷衍时，仍然能保持积极的心态。事实上，所有人都会经历各种问题。如果你学习历史、体育和商业，你会发现每个伟大的领导者和团队都必须克服逆境和挑战来定义自己，获得成功。当许多人告诉我们不行的时候，我们必须保持乐观，相信自己能行。为了我们自己和团队的大局，我们必须有信心。

"一夜成名"都是假的。人生是一场测试，决定了我们成败的是下面这个问题的答案："面对怀疑、恐惧和挑战，你会保持积极的心态吗？"保持积极的心态并不是强颜欢笑或者相信自己一个人就能成功。相反，它是关于乐观，我们要带着希望和信念生活。衡量成功的标准不是看我们在人生的最佳时刻如何行动，而是看我们在最困难的时刻如何思考和应对挑战。

读到这里，她开始思考未来的挑战。她不希望她的检查结果让孩子们再次迷失方向。她发誓，无论在工作中或医院里发生了什么，她都要为自己和孩子保持乐观。"我曾经崩溃过，我不能再崩溃了。"她又想起了乔伊丝，想起了这两天她一直在做的事情。就在这时，电话刚好响了，是乔伊丝打来的。

"我刚好想到你。"霍普说。

"我一点儿也不意外，"乔伊丝说，"听我说，关于结果……”

霍普的心开始狂跳。

“很抱歉我们还没有拿到，但我只是想告诉你，我一直在想你，并为你祈祷。周一我们一定会拿到结果的，所以坚持下去，保持乐观。”

“我一定会的。”霍普说，“这并不容易，但我正在尝试。谢谢你的手环，它很有用。顺便跟你说，我和孩子一直在过‘不抱怨日’。令人惊喜的是，它真的起作用了。”

“当然啦。”乔伊丝笑着说，“它适用于所有人。你也可以在家庭聚会上试试。在感恩节上效果会很棒。你能相信所有人在感恩节抱怨吗？真是疯了！‘不抱怨日’在哪儿都能奏效，因为每个人都在抱怨，而且90%的抱怨都是毫无意义的胡言乱语、纯粹的胡言乱语。记住，把注意力放在解决方案上，而不是问题本身，然后做出改变。改变从我们开始。”

“我很乐观。”霍普说。

“好了，这才是我的好姑娘。”乔伊丝欣慰地说，“星期一我会打电话告诉你好消息的。我一直在祈求好消息。”乔伊丝高兴地挂了电话。

好消息。霍普有很长一段时间没有好消息了，她当时觉得她值得听到好消息。是的，她确实值得收到好消息。在经历了生命中最痛苦和最艰难的一年之后，她已经准备好接受各种好消息了。好消息从今天的演讲开始。她拿起电脑和包，满怀信心和决心走向会议室，去面对一些极爱抱怨的人。

第十九章

怀疑的会议

喜欢怀疑别人的人都聚在这儿了：丹、吉姆、肯、韦恩，还有刚从海外开会回来的罗伯特。见到罗伯特和他友善的面孔真是太好了。罗伯特每次见到霍普时，总会对她微笑，说话也很亲切。他让霍普想起了丹，她一直认为，如果丹决定在公司里扮演一个不那么活跃的角色，罗伯特将是接替他担任首席执行官的最佳人选。因为尽管公司存在负面情绪和士气问题，罗伯特却能够设法让他的销售团队保持积极和团结。他告诉他的团队，他们无法控制电池问题，也无法控制运营和组织上的问题，但他们可以继续发展与客户的关系，继续满足客户的需求。他相信“不惜一切代价”为客户服务的态度，并不断向他的销售和客服人员灌输这一点。罗伯特知道，虽然产品很重要，但人际关系和人同样重要。他的工作是把合适的人送上车，让他们保持积极和活力，而其销售团队的工作是保持客户忠诚度，并为客户服务。

霍普对罗伯特笑了笑，罗伯特也对她笑了笑。这是一件好事，因为她环视了房间，吉姆几乎都不敢看她。他只是站在那里，摇着头，看着她设置笔记本电脑，整理笔记。丹在会议开始时感谢了霍普，感谢她在这个紧要关头为分享以下信息所做的努力。然后他对霍普说：“开始吧！”

第二十章

积极的原则

会议一开始，霍普提了一个问题：“为什么人们不能更积极点儿呢？”似乎没有人知道答案，好几个人在想霍普想要干什么。霍普继续说道：“我觉得，我们都想变得更加积极。然而，这样做的却很少。关于这个问题，我想了很多，我认为原因在于，我们没有养成这种习惯。我们大多数人并没有将积极的习惯、积极的行动和积极的思考融入我们的生活中，使其变得根深蒂固。所以当我们遇到问题、障碍和压力的时候，我们会选择消极的方法而不是积极的方法。我们公司也是这样。我们都说要建立一个积极向上、卓有成效的公司。我们读了很多新书和研究报告，发现积极的人、积极的互动和积极的工作文化会产生积极的结果。然而，我们不得不去想，为什么没有多少人在我们的公司过道里蹦蹦跳跳，笑嘻嘻地唱着《到这里来吧》这首歌，而且热爱工作呢？为什么周一早上9点死亡的人数比其他时间都多？为什么盖洛普的调查显示，消极因素每年会给公司造成3000亿美元的损失？为什么这么多公司在士气和生产效率方面面临挑战？”没有人回答，但每个人都在思考。

“答案是：像其他事情一样，成功、积极的公司有积极的员工和积极的文化。这需要一套根植于企业文化和每个员工的原则、流程、系统和习惯。积极的公司不是天生的，它们是后天养成的。所以，接下来我们来谈谈关键的原则。”霍普按了一下电脑键盘，点出了她要演示的第一张幻灯片。

积极的环境和文化就是一切

“但积极的文化并不是耳濡目染就能形成的。”她说，“我们得时刻关注公司文化，清除消极的因素。就像丹那天说的一样，消极就是问题所在，我们必须得让那些消极的员工离开，他们有损公司的生产力。”

“就像那些博主一样。”吉姆说，“我们不能只辞退这一种人，应该把这两种人都辞退了。”他嘲讽道。

霍普看着吉姆说：“不是这样的，吉姆。你看，处理消极最好的方法是创造一种积极的文化，让消极因素无法滋生、壮大、存活。否则，你会把所有的时间都花在和消极情绪做斗争上，而不是去培养一种积极的文化。”霍普接着点出第二张幻灯片。

我们需要积极的领导

“我们需要积极的领导来建立积极的文化。这是重中之重。”她看着吉姆说，“面对现实吧，以前我们也请过像我这样的演讲者，但我们很多人都没有去听。我们的员工很兴奋，但我们没有把他们听到的好主意植入我们公司的血液中。在我们的组织里，正能量自上而下流动。它向上渗透，向侧面移动，但它是自上向下流动的。积极的领导是很重要的。”霍普提高音量，而吉姆翻了一个白眼。霍普点出下一张幻灯片。

成功的秘诀

“一家公司的成功得益于先天还是后天是毫无争议的，一定是后天培养。我们必须坚持把公司文化和员工放在企业各个方面的优先位置。这就像一棵树的根和果实。树根是我们的文化，我们必须关注人和精神。与其把注意力放在果实——利润、股价和数字上，还不如坚持培育我们的根。如果我们能做到这一点，就会对成果很满意。”

“但我们在做生意。”吉姆反驳道，“你怎么能说我们不应该关注数字呢？我们是一家上市公司，公司业绩就是要用数字衡量的。”

“说得好。”霍普回答道，“我并不是说我们不应该用数字衡量自己的成功。我们当然要看数字，但这不应该是我们关注的重点。因为人能实现数字目标，所以人都应该是我们关注的焦点。如果我们关注他们，他们就会达成我们想要的数据。”

丹微笑着，点头表示同意，他说：“你讲到点子上了，霍普。这和我导师约翰·伍登（John

Wooden）的理念是一样的。他是加州大学洛杉矶分校的传奇篮球教练。他从不把注意力放在赢球上，他专注培养球员。他专注提高他们的基础、技能、性格和团队合作能力。他关注的是人而不是结果，结果他赢了很多比赛。当然，所有成功人士和团队的目标都是赢。但是胜利只是一个目标，而不是关注的焦点。胜利是努力、领导力、教练、团队合作和正能量的副产品。这才是成功的秘诀。你继续说下去吧。”此时，吉姆满脸厌恶地看向别处。

信任必须渗透到组织中

“我们的员工和客户最想知道的事情是，我能信任你吗？你关心我吗？坦白地说，我们的员工不再相信我们了，我们也看到了我们面临的这些问题造成了怎样的影响。”

“那我们该怎么办？握住他们的手，告诉他们我们爱他们？”吉姆说。所有人哄堂大笑。

“如果需要的话，可以。”霍普回答说，“或者简单地说你要做什么，然后付诸行动。如果你真心待人，就会成功。为了在整个组织中传播信任和正能量，我们必须沟通、沟通、再沟通。这就引出了下一个原则。”

用积极的交流来填补空白

“就像丹说的，我们还必须继续填补空白，这样消极情绪就不会滋生。”霍普说，“这需要积极的沟通和互动才能实现。我们不能只是一时兴起，我们必须把这一点融入我们的日常生活中。例如，我们应该制定一个每日简报，并把它转发到我们的内部网上，以便和员工沟通我们业务的各个方面。作为领导，我们需要更好地倾听员工的心声，赋予他们制订解决方案的权力。我们应该多表扬他们，而不是总是打击他们。这里的关键在于积极互动的力量。事实上，约翰·戈特曼（John Gottman）的开创性研究发现，当夫妻双方的正面互动与负面互动的比例为 5 ：1 时，婚姻更有可能成功；然而，当比例接近 1 ：1 时，婚姻很有可能以离婚告终。还有研究表明，积极互动与消极互动之比大于 3 ∶ 1 的团队比那些没有达到这个比例的团队更高产。”

“所以你的意思是，员工表现不好，我也不能说。这太荒谬了。”吉姆说。

韦恩也插话了，他说：“你是说，我不该说一个愚蠢的想法是愚蠢的吗？”

“当然不是。”霍普说，“当然，我们会有负面的互动。密歇根大学的芭芭拉·弗雷德里克森进行了一项研究，发现如果公司工作小组的积极互动与消极互动的比例为 13 ∶ 1，那这个工作小组的效率就会更低。这意味着，没有人愿意面对阻碍他们前进的真正问题和挑战。有时，我们需要直面某种情况来克服问题。我们知道，忽视眼前的问题是行不通的。消极互动是必要的，只要它们发生的频率远低于积极的互动。毕竟，我们不想要 1 ∶ 1 的比例，这将导致公司的高裁员率。我们知道我们损失了多少，这就引出了我想和大家分享的最后一个原则。”

专注解决方案和创新

霍普继续说："有了促进积极沟通的积极文化，我们就可以利用沟通网络，专注解决方案和创新。我们可以倾听员工的心声，并鼓励他们和我们分享点子，当然也可以跟我们抱怨。如果我们倾听并收集他们的想法，我们将成为一家充分利用员工力量的公司。我们将把好点子变成成功的创新方案，我们将把问题和抱怨变成解决方案。"

第二十一章

问题

确定解决方案的原则

“这些原则真不错。”韦恩拍手说道，“可是，重点在哪儿？行动计划在哪儿？如果一个原则不能实现，有什么用呢？”

“实际上，如果一项策略或行动方案不遵守指导原则，那它还有什么用呢？”霍普说，“一旦你有了自己的原则，你就可以将你的策略、行动和流程与你的原则结合在一起。如果遵循这些原则，我们就能找到解决方案，在所有部门和分支机构加强我们的文化，无论在人力资源、销售、客服，还是制造部门。我打算帮助你们每个人在各自的部门实现这个方案，这样我们就可以把正能量渗入我们自己体内和我们所做的一切行动中去。但现在，我想介绍一个每个部门都可以使用的解决方案，甚至制造部门的人都可以用，它就是‘不抱怨规则’。”

吉姆和肯互相看了一眼，从他们的眼神中可以看出，他们在怀疑霍普是不是认真的。韦恩一如既往地直言不讳：“你刚吸引了我一会儿，霍普，但现在我不看好你了。你是认真的吗？”

“我绝对是认真的。”霍普说。

“事实上，我喜欢这个主意。”吉姆说，“这一次，我和霍普终于意见统一了。我讨厌我们的员工对什么事都发牢骚。让我们一起停止抱怨吧。”

而丹却静静地坐着，把一切都记在心里，让每个人都发言。

“在我做出判断之前,我想知道更多细节。”罗伯特说。

“先生们，不是你们想的那样。我觉得，这将是改变我们公司文化的一个关键因素。”

“那么，这个规则到底是什么呢？”丹问。

“嗯，是这样……”霍普说，“我还没有彻底考虑过这件事，但我计划用今天和整个周末来准备一个完整的执行方案,我会在周一的董事会上与大家分享。”

“所以，让我把话说清楚。”吉姆说，“你这个好主意对我们的未来至关重要，但你没有把它从头到尾想清楚。真好，我现在已经能看到未来了。我们将会看到员工在他们的博客上抱怨这个‘不抱怨规则’。”

大家都笑了，除了丹和霍普。霍普什么也没说。她知道这个方案的要点，只是还没完成而已。她知道，如果她只分享方案的一部分而不进行全面的解释，这个方案就会被误解甚至被否决。她相信自己能在星期一提出一个方案，并希望能让吉姆感到羞愧。但是丹的情绪很复杂，一方面，他对她的计划有点儿担心；另一方面，他对她刚刚分享的原则印象深刻，并相信她说到了点子上。他支持她。

“我觉得霍普有点儿东西。我期待听到你的方案，告诉我们怎样将这个规则应用到我们公司。”吉姆边说边与霍普握手。“让我们为霍普精彩的演讲和优秀的想法鼓掌。”吉姆说道，而在场的一些人只是不情愿地鼓了几下。吉姆笑了，但并不是因为明面上的原因，而是他等不及看霍普在周一惨败，最终回到他认为她应该在的地方。她待在哪儿都可以，除了EZ科技公司。

第二十二章

堵车更加严重，但心情好了

霍普像往常一样开车回家，车子还是走走停停。但她不再抱怨那些笨司机了，她很感激自己的演讲进行得很顺利。然而，当她想到要实施“不抱怨规则”的实际方案时，她的感激之情很快变成了恐惧和自我怀疑。她想：“理论上一切都很好。我见过很多领导、专家和教授，他们都知道，理论和想法并不总是等同于成功的商业实践。如果我不能将这个伟大的不抱怨想法转化成真正有效的实际方案呢？如果这只是你自己的尝试，但在商业环境中却不可行呢？如果我不能让人们坚持下去怎么办？如果它成为公司的笑柄，或者更糟呢？”疑虑在她的脑海里盘旋。她想到了吉姆，一想到他那张脸，她就生气了，而且更加下定决心一定要成功。

霍普回到家时，劳伦正和她两个最好的朋友站在外面。她们盛装出席返校舞会。“太棒了！”霍普想。她们还小的时候，霍普叫她们“三个火枪手”，但现在她叫她们“三个抱怨者”。霍普下车，准备好接受冲击。但她受到的冲击只有微笑、问候和拥抱，她们十分高兴、和蔼。霍普怀疑她们是不是喝了酒，但谢天谢地，她没有闻到任何酒味。她后来发现，她们沉浸在善良和幸福之中。原来是劳伦告诉了她们“不抱怨规则”，然后她们都决定要更加积极。事实上，她们希望成为学校里最积极向上的女孩，她们的目标是和整个学校一起分享“不抱怨规则”。霍普听到这个消息后，她一点儿也不担心能否将这条规则应用到商业场合了。她看到劳伦和她的朋友们有多受鼓舞。就像年轻人和商业人士接受聚友网和脸书一样，她觉得“不抱怨规则”也会是一样的。她只需要想办法把它推广到她的公司，这样它就能传播开来，发挥它的魔力。她想：“吉姆完了，真的完蛋了。”

第二十三章

星期日

生活是一个选择，你只能自己决定

星期天，霍普坐在教堂里。她环顾四周，不知道自己在这里做什么。丈夫一年前离开后，她就不再去教堂了。当时，她感到被人抛弃、非常愤怒和受伤。她的生活本不该是这样的。她相信，如果你是一个忠诚的人，那么生活将是顺利和幸福的。但就在那一刻，她的生活被彻底颠覆了。在那一刻，她决定，如果上帝要毁灭她的生活，那她要独立承受这一切。毕竟，如果上帝不站在她这一边，她为什么要站在上帝那边呢？然而现在她又坐在了教堂里。她不知道是什么让她来到这里。她只知道她起床，吃完早餐，穿好衣服，开车，穿过门，然后就坐在这儿了。她想都没想过要到这儿来，她仿佛被某种无形的力量带到了这儿。随着音乐响起，霍普念着这首歌的歌词，她觉得自己哭了，心里出现了一种熟悉的感觉。

牧师以《旧约》中的一个故事开始他的演讲。他引用了《圣经》中的一段，摩西将以色列人从埃及解放出来。他讲述了他们如何被囚禁了400年，然后突然之间获得自由。一开始他们既高兴又激动，但一个半月后，他们开始抱怨自己饿了，抱怨没有足够的水，抱怨住在荒野里。他们甚至说，在沙漠中享受自由还不如回埃及当奴隶。400年的奴隶制度，只用了一个半月，他们就又开始抱怨了。最后，他说，上帝对他们的抱怨感到非常失望，甚至威胁到他们的性命。霍普笑了笑，心想："原来上帝是'不抱怨规则'的忠实粉丝啊。"当然，她很清楚自己今天为什么会在这里，这是给她的启示。

牧师继续说："这个故事代表了我们每个人的选择。是保持积极和自由，还是被自己的消极所束缚。生活在过去还是对未来充满希望。这是一个选择，只有你自己能决定。"

霍普想了想她的生活，知道这一年她有很多选择。她看到自己是如何被束缚，远离同事和家人。但现在她又做出了正确的选择。她知道“不抱怨规则”对她来说是很好的选择。她只希望这对她的公司来说是一个正确的选择。

第二十四章

星期一

我准备好了

霍普走进公司的办公大楼，她知道她需要把前一天学到的那一课带进生活。她在去电梯的路上看到了保安，给了他一个大大的微笑，保安也对她笑了笑。她继续走着，然后突然停了下来，走回保安那儿，说："我还不知道你的名字。"

"你真是太客气了。"他说，"我叫沃尔特(Walter)。"

"嗯，你好，沃尔特。"霍普说着，又给了他一个大大的微笑，然后继续走去见管理团队。

丹正准备打电话和媒体分享他的"三点方案"，然后霍普会向管理团队展示"不抱怨规则"。丹在周末打电话给霍普，跟她说他会把霍普的积极原则作为"三点方案"的一部分告诉媒体，霍普当时非常激动。

他还告诉她，他期待听到霍普关于“不抱怨规则”的方案，并提醒她，他可能会在下午 2 点的董事会上分享总体概况。霍普感受到了压力，但她已经准备好了，准备好分享如何有效处理工作中的消极情绪，准备好让吉姆丢脸，准备好向管理团队展示她回来了，而且比以前更强大，准备好帮助丹拯救 EZ 科技公司，准备好让她的公司成为一个更积极的地方，准备好证明自己是有用的。她太专注于做一个成功的演示，以至于没有想过她的测试结果。她完全忘记了测试是好是坏，今天就能见分晓。

第二十五章

分享不抱怨规则

霍普站在管理团队面前，环视了一圈房间。她不知道他们是不是在笑，因为丹刚刚在电话里向媒体做了一场完美的演示让他们感到满意？或者是因为他们被霍普和抱怨这个主题给逗乐了？不管怎样，霍普决定，如果他们想笑，就给他们一些笑料。

不允许员工盲目地向同事抱怨。如果他们对自己的工作、公司、客户或其他任何事情有问题或不满，公司鼓励他们把问题告诉经理或有能力处理这些抱怨的人。但是，员工必须分享一到两个可行的解决方案。

在她开始演讲之前，她看着吉姆说：“吉姆，我做报告的时候，不想听到任何抱怨，‘不抱怨规则’正在实行中。”听到这些，大家大笑了起来。霍普接着开始介绍，真是鼓舞人心啊。她讨论了负面影响的代价，以及为什么创造积极文化是必要的。她分享了她的理论，她认为一个组织中精力过剩的吸血鬼和害群之马都得处理掉，但更危险的是一种不易察觉的消极形式，其中就包括抱怨，它会像癌症一样生长。霍普重申了她在周五分享的主题，并解释了为什么这些主题对于预防和处理消极情绪至关重要。然后，她分享了“不抱怨规则”。

霍普推断，员工不该向无法解决问题的人抱怨。盲目的抱怨没有任何意义，只会破坏员工的士气和表现。盲目的抱怨会培养消极的情绪，对抱怨者和被抱怨的人产生负面影响。房间里的每个人都点头同意，霍普进一步推论，鼓励员工思考解决抱怨的可行方案，那么老板就可以解决问题而不是单纯地倾听问题。他们不再只是坐在公交车上，而是成为公交车的司机。他们不会导致轮胎漏气，而会推动公司走向通往成功的积极道路。最终，我们会得到一个公交司机车队，每个人都有权做出积极的改变。

她补充说，信任是“不抱怨规则”的重要组成部分。领导者和管理者必须培养员工的信任感，这样员工才会乐意与他们分享抱怨和想法。“如果我们要禁止盲目抱怨，我们就必须为员工提供一种发泄和沟通的途径，让他们分享抱怨、想法和解决方案。我们的员工必须知道，我们会倾听他们、关心他们，并且会认真考虑他们的想法。如果我们要阻止消极的行为和抱怨，那么我们必须尽一切可能鼓励积极的行为和积极的沟通。这就能解释，为什么我在周五分享的原则如此重要。没有它们，‘不抱怨的规则’就起不了作用。”

她接着补充说，她相信“不抱怨规则”会非常有效，因为这是一种具有感染力的想法，很容易渗透进每个员工的思维习惯，这也会鼓励员工想出积极的解决方案，而不是产生消极的能量。“随着这个方案的推广，人们将了解到，我们能在每一次抱怨中发现问题的解决方案，这会让我们更好、更强、更成功。它将影响我们业务的各个领域，并解决物流、运营、客服、销售等方面的问题。”

“但我们不确定这是否会成功，对吗？”吉姆问。

“是的，我们不知道。”霍普说，“但我觉得值得一试，不是吗？”她说着，两个人面面相觑。

“你愿意用你的工作来打赌吗？”吉姆问。霍普想了一会儿，她的心开始怦怦直跳，喉咙立刻发干。沉默了许久后，她回答说：“是的，我愿意拿我的工作打赌。你愿意用你的工作打赌它不会起作用吗？”

吉姆不安地坐在椅子上，环顾了一下房间说：“不，我不愿意。”在场的每个人都哄堂大笑，霍普反抗吉姆的方式惊到他们了，更让他们震惊的是吉姆败了。

丹特别不喜欢吉姆与人打交道的方式，但他也知道吉姆在管理团队中很重要。他对一切都提出质疑，而且总是和别人唱反调。他从不在公共场合破坏丹的权威，但在私下里，丹总是对他的决定严加盘问。丹知道他的团队需要像他这样的人。他并不总是接受吉姆的建议，但他知道吉姆的做事方式总能让他做出更好的决定。不过，他决定要让吉姆少插手公司的文化建设和员工管理。他知道吉姆的长处，但是打造一个积极的团队并不是他的长处。他会利用其他方式让吉姆在这个组织中发挥作用。

“所以，我们该如何推广这个项目呢？”吉姆问道。

霍普笑着对吉姆和其他人说：“你不知道吗？我刚好对此也有自己的看法。这是我本想在周末认真琢磨的部分。谢天谢地，我有一些方案。”是的，霍普有办法，但这需要管理团队和组织中每个人的承诺，才能生效。

第二十六章

推广

把负能量转化为积极方案

霍普说：“我为每一个人都制订了行动方案（详见本书第155页）。我们每个人都会与各部门的领导和经理见面。然后，我们将指导每个经理和他/她的团队会面，直到组织中的每个人都清楚了我们的方法、原理和方案。此外，公司还会给每个人发一张卡片，上面写有三个不抱怨的工具。”她一边说，一边给管理团队的每个成员递了一张卡片，就像乔伊丝给她的那张一样。“然后我们把某一周定为‘不抱怨周’。这样做是为了找点儿乐子，让大家意识到我们的计划，也让大家意识到自己的想法和盲目的抱怨。最重要的是，我们会不断地向公司里的每个人施加压力，说明我们仍然需要合理的抱怨来帮助公司制订创新的解决方案。”

“每位主管和经理都要列一份清单，记录员工提出的抱怨和解决方案。经过培训，他们要在自己的领域和控制范围内实施高效的解决方案。对于不能立即解决或者不在他们的领域或控制范围内的建议，他们可以在经理会议或季度会议上提出。如大家所见，我们将成为一家将抱怨转化为解决方案的公司。我们将成为一个倾听员工想法、建议和解决方案的公司，我们也将因此成为一家更好的公司。我的演讲到此结束。”霍普说完，大家掌声热烈。他们没有抱怨，反而夸她做得好。丹早就知道她是解决这个问题的合适人选，现在其他人也都知道了。霍普被人拉下水，但她却表现得非常出色。丹知道除了“不抱怨规则”，他们还需要更多的解决方案，但至少现在他有一个概述和框架，可以在当天晚些时候在董事会上分享。他还知道，公司有了一个可靠的计划，可以开始把负能量转化为积极的解决方案和积极的转变。多亏了霍普，他们已经在通往成功的路上了。最后，丹邀请霍普和他一起参加董事会会议。

第二十七章

决不妥协，志在必得

霍普回到办公室，坐在椅子上，深吸了一口气，用力吐出。她既活力满满又筋疲力尽。她为自己的成就感到高兴，但也因此耗尽体力。她感觉就像在高中打了一场艰难的篮球赛一样。那时候打完比赛，她和队友们会为胜利感到高兴，但也会因为付出了一切而疲惫不堪。她的教练总是告诉她们要把一切都留在球场上。教练会说："尽你所能。"而她今天就是这么做的。这是她很长一段时间以来的第一个胜仗，她忘记了这种感觉有多好。

这次，她既不拘谨也不害怕，当然也没有向吉姆妥协。她志在必得。她能在脑子里听到教练的话。

要想志在必得，你得对自己做出承诺，即使失败了，你也永远不会放弃，永远不会让你的目标和梦想消失。那些志在必得的人都知道，成功不是天赐的，这是我们用所有的精力和汗水换来的。困难和挣扎是生活的一部分，它们只会让我们感激自己能成功。如果一切都来得容易，我们就不会知道真正的成功是什么感觉了。障碍是用来克服的，恐惧是用来征服的，成功是要达到的。它们都是人生游戏的一部分，那些成功的人是直到游戏结束，一直志在必得、心存信念和永不放弃的人。

想到吉姆，霍普笑了，她知道她今天一定会赢。虽然今天自己赢了，但是她知道还有更多的仗要打。最终的游戏——生命的游戏，还远没有结束。

第二十八章

收到医院的好消息

电话响了，霍普知道是谁打来的。霍普一直在兴奋地忙着准备会议，忙到把乔伊丝和体检结果都忘了，可是电话铃一响，她就知道是谁打来的。心开始狂跳。她把办公室的门关上，接起了电话。

“嗨，乔伊丝。”霍普紧张地说。“嗨，霍普，你好吗？”乔伊丝问。霍普试图通过乔伊丝的语气来判断消息是好是坏，但她判断不出来，乔伊丝尴尬地沉默了几秒，然后继续说下去。

“所以，我们有了结果。”

“告诉我吧，我能承受住。”霍普大声说，她心跳加快，身体开始颤抖、出汗。

“你说对了。”乔伊丝说着，提高音量，欢呼起来，“好消息！一切都好。血检结果很好，超声波检查结果也很好。结果太好了，他们甚至请了两个医生来检查，确保不出错。你一切都好。”

霍普没想到结果会是这样，突然她哭了起来。她曾试着坚强，现在却放任自己崩溃，哭了起来。“谢谢，谢谢你！谢谢。”她在电话里说，但乔伊丝知道霍普不是在感谢她。

“嗯，我真为你高兴。”乔伊丝说，“我想让你知道，我会一直想着你，希望我们下次能在不同的情况下见面。我知道你现在需要一个人静一静。再见，亲爱的。”

“再见，非常感谢。”霍普说着，挂了电话，瘫倒在椅子上。

过了几分钟，她感到浑身一阵轻松。仿佛她已经失去了一百斤的恐惧、压力和情感负担。她站起来，走到窗子那儿，看着外面美丽的蓝天和明媚的阳光。这时，一群鸟儿飞过。霍普笑了起来，她知道这是给她的信号，告诉她奇迹每天都在发生。她走回计算机前，打开音乐播放器，点了她最喜欢的歌，然后把音量调到最大，在办公室里跳了起来。

第二十九章

六个月后

积极的连锁效应

每个人都注意到，“不抱怨规则”产生了积极的连锁效应。直接效果是，人们更加积极，更关注解决方案，但它的连锁反应可能更强烈。每个人都认为，这一规则产生了一种积极的能量和文化，吸引了那些想要在积极的环境中工作的高水平员工。这也有助于淘汰消极的员工，因为他们再也无法融入公司。公司也节省了把乘客“赶下车”的时间，因为大多数“上错车”的乘客都是自己下车的。更妙的是，大多数“上错车”的人一开始就下了车，因为经理们在招聘过程中谈到了“不抱怨规则”，这就把大多数“上错车”的人吓跑了。时间长了，就发现这样能创造一个持续的正能量循环，给公司带来长久的成功。当然，他们不能衡量这种积极的连锁反应带来的好处，但他们可以通过参与度调查来衡量公司的进步和员工的满意程度。最近的一项调查显示，表示信任公司高管和经理的员工比前一年多了 30% 以上，被工作激励的人数也大幅增加。

但是霍普不需要数字来证明任何事情，她从每天共事的员工身上就能直接看到结果。他们中的许多人不再是公交车上的乘客，而是成了司机。

网络开发团队告诉她，他们创建了一个网站 www.NoComplainingRule.com，供人们分享资源和工具。

营销团队向她展示了一个名为“你是一个爱抱怨的人吗？”的评估问卷，它会通过五个问题来判断一个人是否是一个爱抱怨的人。他们在 www.NoComplainingRule.com 网站上发布了抱怨者的评估问卷，公司 70% 的员工都完成了评估。（评估问卷“你是一个抱怨者吗？”详见本书第 158 页。）

一群工程师熬夜创建了一个自动处理抱怨和解决方案的系统。现在员工可以发布他们的抱怨和解决方案，而且每个人都能知道什么时候抱怨得到了解决，什么时候解决方案得到了实施。

她最喜欢的解决方案出自领导力开发项目的三位20多岁的年轻人。他们说如果我们公司要举办“不抱怨周”，我们必须给人们一些主意，告诉他们能做什么，而不是单纯地抱怨。他们觉得这三个“不抱怨工具”很有用，但是他们认为，人们可以从具体的实践中受益，这些实践能让人们关注积极的方面而不是消极的方面。他们说，最好的方法是用一个好习惯来取代一个坏习惯。所以他们制作了一张卡片，上面有五件可以代替抱怨的事情。卡片是这样的：

五件可以代替抱怨的事情

1. **练习感恩。**研究表明，如果我们每天做了三件好事，就能明显提高幸福感，从而提升和激励自己。从生理上看，你不可能同时感到压力和感恩。这两种想法不能同时占据我们的头脑。如果你专注于感恩，你就不会消极。你也可以让你的同事知道你对他们的感谢，从而激励他们，让他们也参与进来。

2. **赞美别人。**与其抱怨别人做错了什么，不如关注他们做对了什么。赞美他们，看着他们最终取得更多的成功。当然，要指出他们的错误，这样他们才能学习和成长，但你要确保表扬的次数是批评的三倍。

3. **关注成功。**开始写成功日记。每天晚上睡觉前，写下你今天最重要的一件事，比如你最棒的一次谈话、一次成就或最自豪的胜利。关注你的成功，你就会期待明天能创造更多的成功。

4. **放手。**关注那些你有能力改变的事情，放手那些你无法控制的事情。当你不再试图控制一切的时候，你会很惊讶，发现自己莫名其妙地就成功了。

5. **祈祷和冥想。**科学研究表明，这些日常操作可以减轻压力，增加正能量，促进健康、活力和长寿。当你有抱怨的冲动，或者你感到压力很大的时候，停下来，静一静，养精蓄锐。

第三十章

积极化解艰难，一切都好

霍普走出办公楼，心情大好。她从保安沃尔特身边走过，对他笑了笑，问他近况如何。

“很好！”他高兴地说，“一直很好！”

“太棒了！”霍普说。她想到了乔伊丝，想到她一个月前打电话通知她体检结果。霍普的脑海中仍然回荡着乔伊丝当时说的话：“都是好消息。一切很好。血检结果很好。”

她摇了摇头，想起了她一生中最艰难的日子。如果 10 个月前有人告诉她，现在她是 EZ 科技公司最受尊敬的人之一；她的孩子们会茁壮成长，尤其是劳伦；她将进行马拉松训练；现在的她，未来将是前所未有的光明，她一定会笑出声来。然而她现在的确如此，她比以往任何时候都更加享受工作和生活。她和EZ科技公司重回巅峰。

霍普走向她的车，想起了她经历过的不幸，然后突然想到不管经历是好是坏，最终都会好的。她在朋友、家人和她心目中大英雄的传记中都发现了这一点，现在她在自己的生活中也看到了这一点。她意识到，在悲剧和心碎中，她找到了自己的精神力量。在挣扎中，她找到了继续前进的勇气和信念。在面对自己的挑战时，她利用力量和同情心来做出改变，拯救公司。丈夫的离开无疑颠覆了她的世界，但这也给了她一个机会，让她发现最真实、最强大的自己，释放天性。是的，物极必反。

霍普在街上开车的时候，想起她读过的一篇文章，里面的研究就能支持这个观点。文章说盖洛普进行了一项民调，询问人们经历过的最糟糕的事情是什么。然后民调人员再问这些人，发生在他们身上最好的事情是什么。调查人员发现，最糟糕和最好的经历之间存在80%的相关性。这篇文章还说了英国一项针对400个据说生活很幸福的人的研究。在外界看来，这些人拥有一切，没遇过坏事。但是，研究人员发现，并不是坏事没有发生在他们身上，而是当坏事来临时，他们就把它变成了好事。最后，一切都变好了。

她知道她无法阻止坏事的发生，但她决定从现在开始，她要把抱怨变成解决办法，把不幸变成幸运。她会教员工和家人都这样做。当她在红灯前等待左转进入医院时，她从杂物箱里拿出了一个记事本，记了一些笔记与她的女儿劳伦分享。她写道：

- 相信宏大的计划。
- 在逆境中寻找力量。
- 今日的失败会带来明日的成功。
- 生活中最糟糕的事情往往会促成最好的事情。
- 积极还是消极，选择权在我们。

绿灯亮了，霍普拐进了医院门口。她把车停在老地方，高高兴兴地走进大楼。她走过病人区，面带微笑地问候工作人员和病人。她去了乔伊丝的办公室，停下来和她打招呼，就像过去三个月的每周一下午一样。乔伊丝给霍普看了一堆“五件可以代替抱怨的事情”的卡片，并告诉她她们正在发这些卡片。她们拥抱了一下，霍普继续走到医院的临终关怀区，她会花一个小时在那里为不同的病人朗读卡片。她其实没必要这么做，但她觉得这是她必须得做的事情。她觉得自己得到了第二次机会，就想要帮助那些没有那么幸运的人。她一直讨厌医院，但现在每周下班后来一次医院，她就能获得一个全新的视角。此外，她自愿贡献自己的时间帮助临终关怀院的护士，让他们获得应有的休息，霍普觉得这些护士就是地球上的天使。

在回家的路上，霍普想起了她的孩子们，想到了他们有多么的坚强。她意识到她的态度和教导对他们产生了重大的影响。有那么一会儿，她想到了自己会死，每个人在生命的特定时刻都会经历死亡。她决定，她能给孩子们留下的最好的礼物不是财富或物质上的东西，而是她能在他们身上留下的礼物，这礼物在他们的心里，在他们的思想里，也在他们对生活的态度里。工作上也是一样。她无法控制 EZ 科技公司谁去谁留，但她能控制的是如何影响在这里工作的每一个人。她可以在他们身上留下印记，希望不管他们做了什么，走到哪里，都能运用她的积极策略。她永远不会成为世界领袖、大使或公司的首席执行官，但她知道，如果她能够让人们把抱怨和问题转化为解决方案，那么在某种程度上，她就为改变员工、改变公司，并最终为改变世界尽了自己的一份力量。

霍普回到家，走进门，令她吃惊的是，劳伦和杰克迎接了她。他们送她到厨房，晚餐已经在炉子上准备好了。当她读着盘子里放着的纸条时，一滴眼泪顺着她的脸颊流了下来，纸条上面写着：献给世界上最好的妈妈，我们爱你！

霍普紧紧地把他们搂在一起。她坐下来，想到自5年前的母亲节以来，这是孩子们第一次为她做饭。他们告诉霍普好好享受，吃完饭去放松一下，看看电视，他们会负责洗碗。然后他们都围着桌子坐下来，边吃边讨论在工作上和学校里发生在他们身上的积极的事情。当她的孩子们分享故事的时候，霍普用只属于母亲的目光看着孩子们，吃着他们准备的饭。不出所料，晚饭不是很好吃，但对霍普来说，这一点儿也不重要。她想细细品味的是那一刻，而不是晚饭。而且，她也不打算抱怨晚饭难吃。

第三十一章

不抱怨规则的行动方案

用此方案来介绍、解释和实现“不抱怨规则”，并授权你的团队把问题转换为解决方案。对企业、组织、学校、教堂、运动队甚至家庭来说，这是一种实用且有效的方法。

第一步：阐明消极情绪和抱怨的代价

个人亲自或打电话召集团队或组织，阐述个人和组织中出现消极情绪会造成多大的代价。利用研究数据（见本书第八章），明确问题及其对生产力、绩效和成功造成的影响。

第二步：分享并解释“不抱怨规则”

不允许人们盲目地向同事、团队成员抱怨。如果他们对工作、组织、客户或其他任何事情有问题或不满，要鼓励员工把这个问题告诉他们的经理或其他有能力处理这些抱怨的人。然而，员工或团队成员也必须想出一到两个可行的解决方案，并与他人分享。

练习：

- 讨论“不抱怨规则”背后的基本原理。
- 让人们发现并解释这项规则可能产生的好处。

第三步：合理的抱怨与盲目的抱怨

讨论盲目的抱怨和合理的抱怨之间的区别（见本书第十三章）。向大家解释，盲目的抱怨关注的是问题本身，而合理的抱怨关注的是解决方案。

练习：

- 讨论以解决方案为中心而不是以问题本身为中心的组织或团队的优点。

- 让每个人在一张纸的中间画一条线。让他们在左边写下合理的抱怨，在右边写下盲目的抱怨。
- 讨论两种抱怨之间的区别。

第四步：发现并分享你的抱怨 / 解决过程

组织中的每个人都必须了解组织和团队会如何考虑和处理投诉，并将问题转化为解决方案。可能的选择有很多，你必须决定哪种方案适合你的组织。以下是一些可以考虑的方法，你可以利用其中的一个方法，或者把它们都结合起来，这取决于你的组织的规模、文化、类型和其他因素。

- 直接报告

  许多组织会让他们的员工把他们的抱怨和解决方案告诉经理或领导，然后他们会一起解决问题。
- 抱怨专员

  规模较小的组织或部门可以选一个人来处理抱怨和解决方案，并与经理、团队成员合作，实现他们的想法。

- 管理团队

  围绕组织问题的抱怨将提交给管理团队，管理团队会考虑这些问题，解决方案将按季度实施。

- 终止抱怨

  组织可以利用技术和内部网站，让员工在上面发布他们的抱怨和解决方案。

- 意见箱

  规模较小的组织或部门可以让他们的员工把抱怨和解决方案写在一张纸上，然后收集到“解决方案箱”“想法箱”或“创新箱”中。

第五步：倾听并行动

为了让“不抱怨规则”进展顺利，你要告诉员工会有人倾听和考虑他们的抱怨和解决方案。他们提出的方案不一定要实施，但他们会想知道他们的想法是否被考虑过。你的组织必须处理抱怨，考虑解决方案，并采取相应的行动。正如本书第二十章中所讨论的内容，实施“不抱怨规则”需要“积极的原则”。

第六步：庆祝成功

为了强化“不抱怨规则”，并在你的组织中形成一种以解决问题为中心的文化，你会想要庆祝和表扬那些将抱怨转化为解决方案和创新方案并让组织受益的成功人士。认可他们，并与整个组织分享他们的成功故事，凸显员工和他们解决问题的过程，这样就会激发更多的成功故事。不要等到年会上再这么做，而是一整年都要通过电子邮件、网页推文和会议这样做。

第七步：监督并执行“不抱怨规则”

鼓励领导、经理和组织中的每一个人执行“不抱怨规则”。让创造积极文化成为每个人的优先事项，让盲目的抱怨成为组织中的文化禁忌。将正能量植入员工的文化和习惯中。

第八步：分发不抱怨的工具

将“不抱怨规则”植入你的文化中，并与所有人分享“不抱怨工具”来打破抱怨的习惯。以下是一些建议。

- 分发印有“不抱怨规则”的卡片。
- 分发这种卡片：一面印有“三个不抱怨的工具”（见本书第十三章），一面印有“五件可以代替抱怨的事情”（见本书第二十九章）。
- 在你的办公室、家里或者更衣室里，贴上印有“不要抱怨，提出解决方案，保持积极态度”的海报。海报可以在 www.NoComplainingRule.com 上找到。
- 让你团队中的每个人都阅读这本书。

第九步：指定“不抱怨周”

你向组织或团队引入“不抱怨规则”之后，就需要指定一个“不抱怨周”来强调这一规则。这是一种有趣而又非常有效的方式，可以将这些规则根植于每个人的习惯和组织的文化中。要想实施一个“不抱怨周”，可以试试下面的方法：

- 介绍“不抱怨规则”。
- 确保每个人都有第八步中提到的“不抱怨工具”。

- 鼓励人们跟踪自己这一周的想法，并关注自己的想法会有多消极。
- 当人们抱怨时，创造一个有趣的奖惩制度。例如，在一些组织中，人们每抱怨一次就会往罐子里放 1 美元。本周结束时，他们会将罐子里的钱捐赠给慈善机构。
- 给每个人提供“不抱怨周”的个人行动方案，详情请见本书第 155 页。

“不抱怨周”个人行动方案

“不抱怨周”是让我们意识到自己的想法和语言有多消极，目的是用积极的想法和习惯尽可能消除无谓的抱怨和消极的想法。

第一天：检查你的想法和用词

今天花点儿时间检查你的思想和用词。你会惊讶于你脑中和口中冒出的想法。关键是要更加意识到自己的想法和言论。

第二天：制作一个感谢清单

当你早上醒来时，写下你所感谢的事情清单。当你发现自己想抱怨的时候，把注意力放在你所感激的事情上。

第三天：感恩之行

当你早上醒来的时候，可以心怀感恩地散步。当你散步的时候，想一想你所感激的所有事情。试着记住这种感恩的状态，并在一天中都保持感恩。

第四天：专注于好的事情

今天，专注于一切正确的事情，而不是错误的事情。专注于你生命中正确的事情，而不是错误的事情。专注于别人做得对的事，而不是错的事。赞美而不是批评。专注于你能做的事与你必须做的事。

第五天：开启成功之旅

这一天，写下你今天所有的精彩互动和成就。一整天都要这样，睡觉前也要这么做。

第六天：释怀

列出你想抱怨的事情。通过这份清单，确定哪些事情在你的控制范围内，你有能力改变，并确定那些你无法控制的事情。针对你能控制的事情，找出可能的解决方案和可能的行动计划。在清单上无法控制的事情旁边写上“投降”一词。

第七天：呼吸

静静地花10分钟。在祈祷或冥想时专注于呼吸，将压力转化为正能量。在一天中，只要你发现自己感到压力或想抱怨，就停下来10秒，然后呼吸。注意你的呼吸时长和祷告次数。

测试

你是一个抱怨者吗？

以下是你可能同意或不同意的五种说法。阅读每一个语句，然后选择最能代表你的看法的回答。

1. 我总是和其他人分享我的问题。

7）非常赞同

6）赞同

5）较赞同

4）中立

3）较不赞同

2）不赞同

1）极其不赞同

2. 我总是向其他人表达负面情绪。

7）非常赞同

6）赞同

5）较赞同

4）中立

3）较不赞同

2）不赞同

1）极其不赞同

3. 我更多关注的是问题的原因，而不是解决问题的方法。

7）非常赞同

6）赞同

5）较赞同

4）中立

3）较不赞同

2）不赞同

1）极其不赞同

4. 如果把我的生活拍成电影，我会把它定性为一部剧情片，而不是爱情故事、喜剧或励志故事。

7）非常赞同

6）赞同

5）较赞同

4）中立

3）较不赞同

2）不赞同

1）极其不赞同

5. 我经常抱怨。

7）非常赞同

6）赞同

5）较赞同

4）中立

3）较不赞同

2）不赞同

1）极其不赞同

现在，将每个答案对应的数字相加，得出你的分数。例如，如果你在所有 5 个问题中都回答“非常赞同”，您的总分将是 7+7+7+7+7=35。

35—30：抱怨占据了你生活的一大部分。抱怨已经成为你的一种习惯，是时候设立“不抱怨日”、制订行动方案了。

29—24：你是一个抱怨者。你在“抱怨列车”上花了太多时间，取而代之的是坐上“能量巴士”。

23—18：你在路中间。换挡，把注意力放在积极的方面，花更多时间在积极的道路上。

17—12：抱怨对你来说不是什么问题。保持积极的态度。

11—6：你几乎从不抱怨。继续培养和分享正能量。